RAL · NEU 研究报告 No. 0009

热轧中厚板新一代 TMCP 技术研究与应用

轧制技术及连轧自动化国家重点实验室
（东北大学）

北 京
冶 金 工 业 出 版 社
2014

内 容 简 介

本书全面介绍了热轧中厚板新一代 TMCP 工艺及其核心超快速冷却技术。内容包括射流冲击换热原理、换热过程温度场解析模型、多功能冷却装备、高精度冷却路径控制系统、冷却工艺控制策略及温度场解析、基于新一代 TMCP 工艺的高品质节约型产品研发等。

本书可供从事轧钢工艺及冶金自动化工作的工程技术人员、科研人员阅读，也可供高等院校材料成型及自动化专业的师生参考。

图书在版编目(CIP)数据

热轧中厚板新一代 TMCP 技术研究与应用/轧制技术及连轧自动化国家重点实验室(东北大学)著．—北京：冶金工业出版社，2014.11

(RAL · NEU 研究报告)

ISBN 978-7-5024-6793-7

Ⅰ.①热… Ⅱ.①轧… Ⅲ.①热轧—中板轧制—研究 ②热轧—厚板轧制—研究 Ⅳ.①TG335.5

中国版本图书馆 CIP 数据核字（2014）第 248448 号

出 版 人 谭学余

地　　址 北京市东城区嵩祝院北巷 39 号 邮编 100009 电话 (010)64027926

网　　址 www.cnmip.com.cn 电子信箱 yjcbs@cnmip.com.cn

责任编辑 卢 敏 李培禄 美术编辑 彭子赫 版式设计 孙跃红

责任校对 卿文春 责任印制 牛晓波

ISBN 978-7-5024-6793-7

冶金工业出版社出版发行；各地新华书店经销；北京百善印刷厂印刷

2014 年 11 月第 1 版，2014 年 11 月第 1 次印刷

169mm×239mm；10.75 印张；169 千字；158 页

36.00 元

冶金工业出版社 投稿电话 (010)64027932 投稿信箱 tougao@cnmip.com.cn

冶金工业出版社营销中心 电话 (010)64044283 传真 (010)64027893

冶金书店 地址 北京市东四西大街46 号(100010) 电话 (010)65289081(兼传真)

冶金工业出版社天猫旗舰店 yjgy.tmall.com

（本书如有印装质量问题，本社营销中心负责退换）

研究项目概述

1. 研究项目背景与立项依据

我国钢铁工业面临着产能巨大与资源匮乏、能源消耗高和环境负荷重之间的矛盾，采用以“资源节约、节能减排”为特征的钢铁材料的绿色制造已成为钢铁行业关注的重点。传统 TMCP（控制轧制与控制冷却）技术在提高钢材的强度、韧性等方面起到了重要的作用，但是由于采用“低温大压下”和“微合金化”，必然造成钢材成本的提升和资源的消耗。从整个的钢铁流程来看，要将节能减排技术应用到烧结、炼铁、炼钢和轧钢等工序中，广泛推广先进工艺技术，增加高技术含量、高附加值产品的比重。其中，轧钢过程主要以新技术、新工艺和新产品的开发来实现节约能源、降低成本的目标。

以东北大学王国栋院士为代表的轧钢工作者采用“适当控轧+超快速冷却+接近相变点温度停止冷却+后续冷却路径控制”，通过降低合金元素使用量，结合常规轧制或适当控轧，并尽可能提高终轧温度，实现资源节约型、节能减排型的绿色钢铁产品制造过程，其核心是超快冷技术与装备。这种新的技术在 2007 年被系统提出，命名为“新一代控制轧制和控制冷却工艺（NG-TMCP）”，并且立即引起行业的关注。近年来，以超快冷为核心的新一代的 TMCP 技术，采用冷却速度可调、可以实现极高冷却速度、冷却均匀的控制冷却系统，综合采用细晶强化、析出强化、相变强化等多种强化机制，对钢材的相变过程进行控制，可以明显提高钢材的性能，充分挖掘钢铁材料的潜力。生产实践证明，以新一代 TMCP 工艺技术为特征的创新轧制过程可以明显提高钢材的性能，减少合金元素的用量，降低钢材的生产成本，在节省资源和能源、减少排放方面可以发挥重要作用，具有极为广阔的应用前景。

2. 研究进展与成果

自新一代 TMCP 工艺理论提出以来，东北大学轧制技术及连轧自动化国家重点实验室对新一代 TMCP 工艺及其核心超快速冷却技术进行了多年的基础理论和中试试验研究。在此基础上，课题组积极开展了超快速冷却系统在中厚板领域的研发和应用。在国内钢铁企业的大力支持下，通过自主创新，成功开发出涵盖产品工艺、材料、机械、液压、电气、自动化、计算机控制等领域的一体化中厚板轧后先进冷却系统。2009 年，依托河北敬业集团 3000mm 中板生产线，国内首套超快速冷却装备开发成功。2010 年，以首秦 4300mm 和鞍山钢铁集团公司 4300mm 宽厚板生产线为代表的第一代中厚板轧后超快速冷却系统（ADCOS-PM）投产运行。2012 年，以南京钢铁集团 2800mm 中板厂为代表的第二代轧后超快速冷却系统投入使用。此后，该系统先后在南京钢铁集团 4700mm 宽厚板生产线、新余钢铁集团有限公司 3800mm 中厚板生产线、广东省韶关钢铁集团有限公司 3450mm 炉卷轧机生产线中得到推广和使用。依靠以超快速冷却技术为核心的新一代 TMCP 工艺，多种高品质节约型中厚板产品得到开发、生产和利用。

项目研发所取得的创新成果如下：

（1）深入研究探索射流冲击换热机理，创新性地采用倾斜式射流冲击冷却方法，成功开发出系列多重阻尼的大型整体超宽射流喷嘴，实现高温钢板在水冷条件下的极限冷却能力以及高冷却强度条件下的良好冷却均匀性。

（2）对设备、液压、电气自动化系统等冷却装备成套系列关键技术集成创新，成功开发出具有常规加速冷却能力、超快速冷却能力和直接淬火能力的多功能一体化成套中厚板轧后先进冷却系统。

（3）成功开发出一整套中厚板轧后冷却工艺数学模型和品种完善的工艺数据库，涵盖高强低合金钢、低碳贝氏体钢、马氏体钢等，建立多功能冷却系统控制平台，实现了以工艺过程控制为核心的全自动控制。

（4）建立新一代 TMCP 工艺体系，综合利用细晶强化、相变强化和析出强化等多种强化手段，显著提升产品性能，结合 ACC、UFC 和 DQ 工艺开发出高品质节约型中厚板产品，缩短生产工序，提高生产效率，实现了一系列产品的成本减量化。

目前，采用新一代 TMCP 技术已经完成高等级船舶用钢、高强低合金钢、管线钢、高强工程机械用钢、石油储罐用钢、耐磨钢以及国防工业工程用钢等一系列低成本高品质产品的开发和生产。新一代 TMCP 技术通过研究热轧钢铁材料超快速冷却条件下的材料强化机制、工艺技术以及产品全生命周期评价技术，采用以超快冷为核心的可控无级调节钢材冷却技术，综合利用固溶、细晶、析出、相变等钢铁材料强化手段，实现钢材主要合金元素用量节省30%以上，实现钢铁材料性能的全面提升，大幅度提高冲击韧性，节约钢材使用量5%~10%，提高生产效率35%以上，节能贡献率10%~15%，具有广阔的产业化前景。

3. 论文与专利

论文：

（1）王国栋. 新一代 TMCP 技术的发展［J］. 轧钢，2012，29（1）：1~8.

（2）王国栋. 新一代 TMCP 的实践和工业应用举例［J］. 上海金属，2008，30（3）：1~4.

（3）王国栋，姚圣杰. 超快速冷却工艺及其工业化实践［J］. 鞍钢技术，2009，6：1~5.

（4）王丙兴，田勇，袁国，王昭东，王国栋. 改善中厚板轧后超快冷均匀性的措施及其应用［J］. 钢铁，2012，47（6）：51~54.

（5）王丙兴，胡啸，王昭东，王国栋. ADCOS-PM 工艺下中厚板冷却速度控制方法［J］. 东北大学学报（自然科学版），2012，33（4）：509~512.

（6）付天亮，赵大东，王昭东，王国栋，闫金龙. 中厚板 UFC-ACC 过程控制系统的建立及冷却策略的制定［J］. 轧钢，2009，26（3）：1~6.

（7）付天亮，邓想涛，王昭东，崔栋梁. 超快速冷却工艺对中低碳钢组织性能的影响［J］. 东北大学学报（自然科学版），2010，31（3）：370~373.

（8）付天亮，王昭东，袁国，王国栋，崔栋梁. 中厚板轧后超快冷综合换热系数模型的建立及应用［J］. 轧钢，2010，27（1）：11~15.

（9）胡啸，苑达，王丙兴，田勇，王昭东，王国栋. 中厚板轧后超快速冷却系统流量调节技术［J］. 钢铁，2012，47（5）：45~48.

（10）康健，王昭东，袁国，王国栋. 轧后超快速冷却终冷温度对 780MPa 级建筑用钢屈强比的影响［J］. 机械工程材料，2011，35（11）：1~4.

（11）Chen J，Lv M Y，Tang S，Liu Z Y，Wang G D. Influence of cooling paths on microstructural characteristics and precipitation behaviors in a low carbon V-Ti microalloyed steel [J]. Materials Science & Engineering A, 2014, 594: 389~393.

(12) Tian Y, Tang S, Wang B, Wang Z, Wang G. Development and industrial application of ultra-fast cooling technology [J]. SCIENCE CHINA Technological Sciences, 2012, 55 (6): 1566.

(13) Wang B, Liu Z, Zhou X, Wang G, Misra R D K. Precipitation behavior of nanoscale cementite in 0.17% carbon steel during ultra fast cooling (UFC) and thermomechanical treatment (TMT) [J]. Materials Science & Engineering A, 2013, 588: 167~174.

(14) Wang Bin, Liu Zhenyu, Zhou Xiaoguang, Wang Guodong, Misra R D K. Precipitation behavior of nanoscale cementite in hypoeutectoid steels during ultra fast cooling (UFC) and their strengthening effects [J]. Materials Science & Engineering A, 2013, 575: 189.

(15) Tang S, Liu Z Y, Wang G D, Misra R D K. Microstructural evolution and mechanical properties of high strength microalloyed steels: ultra fast cooling (UFC) versus accelerated cooling (ACC) [J]. Materials Science & Engineering A, 2013, 580: 257.

(16) 李凡，衣海龙，陈军平，刘振宇，王国栋. 超快冷技术在鞍钢 Q550 工程机械用钢生产中的应用 [J]. 轧钢, 2011, 28 (5): 7~8.

(17) Chen Xiaolin, Wang Guodong, Tian Yong, Wang Bingxing, Yuan Guo, Wang Zhaodong. An on-line finite element temperature field model for plate ultra fast cooling process [J]. Journal of Iron and Steel Research International, 2014, 21 (5): 481~487.

(18) 刘振宇，唐帅，周晓光，衣海龙，王国栋. 新一代 TMCP 工艺下热轧钢材显微组织的基本原理 [J]. 中国冶金, 2013, 23 (4): 10~16.

(19) 王丙兴，苑达，李勇，王昭东. 中厚板控制冷却系统中的实测温度处理方法 [J]. 东北大学学报（自然科学版）, 2012, 33 (9): 1282~1285.

(20) 胡啸，苑达，王丙兴，王昭东，王国栋. 中厚板轧后超快速冷却控制系统的开发与应用 [J]. 轧钢, 2013, 30 (1): 52~55.

(21) Wang Bingxing, Xie Qian, Wang Zhaodong, Wang Guodong. Fluid flow characteristics of single inclined circular jet impingement for ultra-fast cooling [J].

Journal of Central South University, 2013, 20: 2960~2966.

(22) 李家栋，付天亮，李勇，田勇，王昭东，王国栋. 多补偿复合型超快冷水压控制策略的建立及应用 [J]. 轧钢，2013，30 (3): 48~52.

(23) Wang Bingxing, Chen Xiaolin, Tian Yong, Wang Zhaodong, Wang Jun, Zhang Dianhua. Calculation method of optimal speed profile for hot plate during controlled cooling process [J]. Journal of Iron and Steel Research, 2011, 18 (5): 38~41.

专利：

(1) 王昭东，袁国，王国栋，王黎筠，韩毅，徐义波. 一种可形成高密度喷射流的冷却装置及制造方法，2012，中国，ZL201110191865.7.

(2) 袁国，王昭东，王国栋，王黎筠，李海军，韩毅，徐义波. 一种产生扁平射流的冷却装置及制造方法，2012，中国，ZL2201110191884.X.

(3) 王昭东，袁国，田勇，王丙兴，李勇，韩毅，王黎筠，王国栋. 一种基于超快冷技术的轧后冷却系统及该系统的应用方法，2012，中国，ZL201110201555.9.

(4) 王丙兴，田勇，王昭东，袁国，王国栋，李勇，韩毅. 用于改善中厚板轧后超快冷冷却均匀性的方法，2012，中国，ZL201110312196.4.

(5) 李勇，王昭东，田勇，王丙兴，袁国，王国栋，韩毅，胡啸. 一种加快超快冷变频泵水压系统稳定速度的方法，2012，中国，ZL201110388054.6.

(6) 王丙兴，王君，张殿华，胡贤磊，王昭东，刘相华，王国栋. 中厚板层流冷却链式边部遮蔽装置控制方法，2009，中国，ZL200910010734.7.

(7) 李勇，王昭东，袁国，韩毅，王国栋，王超. 一种用于中厚板辊式淬火过程的温度在线测量装置，2012，中国，ZL201110388020.7.

(8) 王昭东，谢谦，王丙兴，田勇，王国栋，韩毅，李勇，付天亮. 一种中厚板在线多功能冷却装置，审查中，中国，ZL201410121528.4.

(9) 王丙兴，胡啸，王昭东，王国栋，李勇，韩毅，田勇. 一种中厚板在线冷却装置及控制方法，审查中，中国，ZL201410121555.1.

(10) 王丙兴，张田，王昭东，王国栋，田勇，韩毅，李勇. 一种中厚板轧后超快速冷却装置，审查中，中国，ZL201310693318.8.

4. 项目完成人员

姓　　名	职　　称	单　　位
王国栋	教授（院士）	东北大学 RAL 国家重点实验室
王昭东	教授	东北大学 RAL 国家重点实验室
王丙兴	讲师	东北大学 RAL 国家重点实验室
田　勇	副教授	东北大学 RAL 国家重点实验室
袁　国	副教授	东北大学 RAL 国家重点实验室
付天亮	讲师	东北大学 RAL 国家重点实验室
韩　毅	工程师	东北大学 RAL 国家重点实验室
李　勇	讲　师	东北大学 RAL 国家重点实验室
王黎筠	高级工程师	鞍钢集团设计研究院
高俊国	高级工程师	东北大学 RAL 国家重点实验室
张福波	副教授	东北大学 RAL 国家重点实验室
李家栋	讲　师	东北大学 RAL 国家重点实验室
赵大东	讲师	辽宁科技大学
刘振宇	教授	东北大学 RAL 国家重点实验室
唐　帅	副教授	东北大学 RAL 国家重点实验室
周晓光	副教授	东北大学 RAL 国家重点实验室
衣海龙	副教授	东北大学 RAL 国家重点实验室
王　斌	博士后	东北大学 RAL 国家重点实验室
张志福	工程师	东北大学 RAL 国家重点实验室
徐义波	工程师	东北大学 RAL 国家重点实验室
胡　啸	博士	东北大学 RAL 国家重点实验室
苑　达	博士	东北大学 RAL 国家重点实验室
陈小林	博士	东北大学 RAL 国家重点实验室
谢　谦	博士	东北大学 RAL 国家重点实验室
张　田	博士	东北大学 RAL 国家重点实验室
郑明军	工程师	东北大学 RAL 国家重点实验室
熊　磊	工程师	东北大学 RAL 国家重点实验室
宋国智	工程师	东北大学 RAL 国家重点实验室
曲武广	工程师	东北大学 RAL 国家重点实验室
毕　然	工程师	东北大学 RAL 国家重点实验室
赵天龙	工程师	东北大学 RAL 国家重点实验室
武志强	工程师	东北大学 RAL 国家重点实验室
郭喜涛	硕士	东北大学 RAL 国家重点实验室
赵永畅	硕士	东北大学 RAL 国家重点实验室

5. 报告执笔人

王丙兴、田勇、王昭东、王国栋。

6. 致谢

热轧中厚板新一代 TMCP 技术的研究、开发与应用，前后历经 10 余年时间。作为新一代 TMCP 工艺技术的开创者和领路人，王国栋院士勇于创新、追求卓越，带领课题研究团队不断克服研究过程中遇到的各类难题。王院士身体力行、求真务实的精神是新一代 TMCP 工艺技术能够迅速从理论知识转化为科技生产力的最强推动力。课题实施期间，实验室领导的关心、指导和帮助，为研究工作提供了很大的支持。实验室多位老师、研究生和工程师的勇于奉献、艰苦工作和尽职尽责的科研精神为课题不断取得突破和工程项目顺利实施提供了有效保障。

热轧中厚板新一代 TMCP 技术的开发与应用得到了河北敬业钢铁有限公司、鞍山钢铁集团公司、首秦金属材料有限公司、河北普阳钢铁有限公司、南京钢铁集团有限公司、福建三钢闽光股份有限公司、江西新余钢铁集团有限公司、广东韶钢松山股份有限公司等钢铁企业领导和专家的信任和大力支持，在项目实施过程中得到了现场工程技术人员的理解与配合。

再次感谢所有为自主创新热轧中厚板新一代 TMCP 技术开发做出贡献的人们。

目　录

摘　　要

钢铁工业作为我国当前工业化发展进程中的重要支柱产业，对国民经济建设和发展的贡献很大。以“资源节约、节能减排”为特征的钢铁材料的绿色制造技术已成为钢铁行业关注的重点，也是实现钢铁工业可持续发展的关键要素之一，更是我国钢铁工业发展的必然趋势。90%以上的钢铁产品需要进行热轧工序，新一代TMCP技术可以综合运用细晶强化、析出强化、相变强化等强化机制，充分挖掘工艺潜力，实现热轧产品的低成本、减量化生产。本课题围绕新一代TMCP工艺的核心——超快速冷却技术展开研究工作，重点解决以下关键理论和技术难题：

(1) 研究射流冲击冷却换热规律，提高冷却能力与效率。开发新型喷射冷却核心装置，使其冷却能力达到传统层流冷却装置的2~5倍，能够实现中厚钢板的超快速冷却，同时实现换热能力大范围连续调整，满足产品不同冷却强度的工艺需求。

(2) 板形问题是轧后冷却技术的瓶颈问题，冷却均匀性决定了产品的成材率及使用性能。因此如何确保在极限冷速条件下钢板厚向、横向和纵向全方位的冷却均匀性是决定其能否实现良好工业化应用的关键所在。在中厚板生产中，应充分发挥预矫直机对来钢板形的平整作用，并结合射流冲击冷却技术特点，极大改善冷却过程中钢板的均匀性，同时增强冷却水与热轧钢板之间的换热效率。

(3) 研发成套新型轧后冷却装置全面取代冷却强度低、冷却均匀性差的层流冷却装置。新型ADCOS-PM装备通过调整供水压力和集管流量，能够实现冷却能力的连续大范围调整以及ACC/UFC/DQ等冷却工艺。

(4) 中厚板轧后冷却过程中将发生复杂的相变，冷却过程中对温度路径的控制可以实现对材料相变过程的有效调控，从而得到所需材料性能。建立了高精度自动化控制系统，实现对终冷温度、冷却速度以及冷却路径等核心冷却工艺参数的高精度控制，以满足中厚板产品品种繁多、生产节奏快、冷却工艺窗口狭窄的产品生产需求。

（5）根据新一代 TMCP 技术的优势和特征，针对热轧中厚板产品的使用需求，探索新一代 TMCP 技术的强化机理，以满足传统 TMCP 工艺产品、新一代 TMCP 工艺产品以及 DQ 工艺产品的生产需要。发展新一代 TMCP 技术条件下的组织性能预测并优化理论框架与方法，最终实现“成分节约型、工艺减量化”中厚板产品的生产。

关键词：新一代 TMCP 技术；中厚板；控制冷却；射流冲击换热；超快速冷却；冷却均匀性；节约型减量化

1 绪　　论

1.1 引言

钢铁工业作为我国当前工业化发展进程中的重要支柱产业，对国民经济建设和发展的贡献很大。因此持续稳定地生产低成本、高质量的钢铁产品与掌握石油、粮食等战略资源具有同等重要的地位。进入21世纪，能源问题已经成为一个全球性的话题。同样地，我国钢铁工业也面临着行业巨大产能与资源自给、能源消耗、环境负荷之间的矛盾所带来的严峻挑战。采用资源节约型的成分设计，大力发展节约型、高性能及可协助下游用户实现绿色制造的钢材品种，节省资源用量和降低能源消耗，减少对合金元素的过度依赖、节能减排、获得性能优良且环境友好的热轧钢铁产品，已成为钢铁行业实现以“资源节约、节能减排”为目标的钢铁材料的绿色制造所关注的重点，也是实现钢铁工业可持续发展的关键要素之一，更是我国钢铁工业发展的必然趋势[1~3]。从整个的钢铁生产流程来看，要将节能减排技术应用到烧结、炼铁、炼钢和轧钢等工序中，广泛推广先进工艺技术，增加高技术含量、高附加值产品的比重。其中，轧钢过程主要以新技术、新工艺和新产品的开发来实现节约能源、降低成本的目标。

控制轧制和控制冷却[4~6]是20世纪轧制技术最伟大的成果之一，对于高性能钢铁材料的开发和生产具有十分重要的意义。目前，TMCP技术在高强度板带钢生产领域得到了广泛应用。控制冷却技术[7~15]是TMCP技术的重要组成部分，它通过改变轧后冷却条件来控制相变和碳化物的析出行为，从而改善钢板组织和性能。热轧钢板轧后快速冷却，可以充分挖掘钢材潜力，提高钢材强度，改善其塑性和焊接性能。轧后冷却技术为钢铁材料的进步做出了巨大贡献，而超快速冷却技术[16~20]的开发，更是丰富了轧后冷却工艺的控制手段，有利于直接生产高性能产品，缩短生产流程，降低能源消耗。

1.2 国内外超快速冷却技术研究现状

自20世纪末以来，国际上先进的中厚板生产企业开始研发新一代中厚板冷却装置（射流冲击冷却）逐步代替传统的层流冷却装置。具有代表意义的包括日本JFE的“Super-OLAC”技术[21~24]、新日铁的μ-CLC技术、住友DAC-μ技术、西门子MULPIC技术[25~27]以及西马克公司的DQ冷却装置等。

Super-OLAC是日本JFE公司以在线加速冷却系统OLAC（On-line Accelerated Cooling）为基础研制而成。该装置的核心技术是在全温度区域实现泡核沸腾状态下冷却，钢板在达到高冷却能力的同时可实现均匀冷却。在600~1000℃范围内其冷却能力为常规冷却技术的2倍以上，而且在喷水冷却停止后，中厚板温度分布均匀，使TMCP钢板的残余应力保持与普通轧制一样的水平。利用Super-OLAC冷却技术，JFE公司开发出焊接性能优异的高强钢、高层建筑用钢、EASYFAB钢板以及管线钢等一系列高品质钢板。此外，日本新日铁、住友等钢铁公司近年来也在其原有控制冷却设备基础上开发了各具特色的新一代中厚板轧后超快速冷却设备。新日铁在2005年推出了可以实现超快速冷却的μ-CLC，并用于高性能高品质中厚板的开发生产。住友公司在2010年已经把其两条中厚板生产线中的一条DAC（原层流冷却系统）更换为DAC-μ（高级版本的超快速冷却系统）。但日本企业出于技术保密考虑，无论是JFE、新日铁还是住友公司都将其作为核心技术不对外进行输出。

西门子VAI公司开发了MULPIC多功能冷却系统，其设备主要特点是多功能间断式冷却，分为强冷段和弱冷段。强冷段采用0.5MPa冷却水，实现其设计要求的高强度冷却或者直接淬火（DQ）功能。弱冷段采用0.2MPa冷却水，实现常规层流冷却强度冷却功能。设备采用高密喷嘴布置，同一套冷却系统实现多种钢板冷却工艺，如轧后快速冷却、直接淬火及淬火后自回火等。国内近年来沙钢、莱钢、济钢等宽厚板轧线上均引进了MULPIC系统。但根据实际调研，国内企业应用MULPIC系统强冷段效果未能达到预期目的，主要表现在强冷后的板形较差。韩国POSCO在引入MULPIC系统的基础上针对系统的冷却强度和强冷状态下的板形问题采取了改进措施。此外，目前国内主要有宝钢5000mm和鞍钢5500mm宽厚板生产线装备有西马克（SMS）中厚板直接淬火（DQ）冷却装置，该装置由于存在较为严重的板形问题，尚不能满足大批量生产的需要。

除东北大学以外，国内其他科研机构围绕超快速冷却装置的研究仍停留在管层流的改进形式即加强型层流冷却装置的阶段。该装置在中国台湾中钢公司和上海宝钢集团公司得到了应用。它是在同样的冷却距离上，加密上部冷却水喷嘴，水量约为普通层流冷却装置的2倍。与普通层流冷却相比，更多层流状水柱可穿透钢板表面的蒸汽膜，直接作用于钢板表面，提高了换热效率。加强型层流冷却的下部集管与普通层流冷却基本相同，只是增大冷却水量来实现更多的热交换，其冷却水量是普通型层流冷却装置的1.2倍。但该装置并未从冷却机理上脱离开层流冷却的特性。由于受到冷却机理的限制，该种类型的装置并不能达到钢板水冷极限冷却能力，同时也不能解决在大流量冷却条件下钢板冷却不均匀的问题。

东北大学所研发的超快速冷却装置是从冷却机理出发，以高压水射流冲击冷却方式为基础，成功研制出大型超宽整体狭缝式、喷射式高密快速冷却喷嘴等冷却系统核心关键结构，使得设备能够实现水冷状态下的极限冷却强度，并保证了极限强冷状态下钢板具有良好的板形。生产实践证明，该超快速冷却系统在关键技术上达到或超过了国内外同类产品的技术水平，与国外相关系统的功能及参数比较如表1-1所示。

表1-1 与国际相关系统的功能比较

名 称	ACC	MULPIC	ADCOS-PM
冷却形式	层流冷却	射流冲击冷却	倾斜式射流冲击冷却
功能	ACC/DQ	ACC/DQ	ACC/UFC/DQ
冷却速度（30mm厚钢板）/℃·s^{-1}	3~30 最大30	3~33 最大33	3~35 最大35
温度控制精度/℃	±35	±38	±25
同板温度均匀性/℃	±35	±40	±25

1.3 中厚板超快速冷却难点及关键技术

以超快速冷却为核心的新一代TMCP技术[28,29]，需要针对不同的钢种及规格，开发不同的冷却工艺制度，需要从成分设计、冶炼、热轧等工序都系统开展相关的工艺开发工作，进而实现整个流程工艺过程的再造。但是，由于中厚板产品种类繁多，规格多样，要充分挖掘工艺潜力，实现热轧中厚板产品的低成本减量化生产，仍需要开展更为深入细致的理论研究和应用技术研究工作，这就要求轧钢技术人员在长期的工作和努力中实现，这实际上也是新一代 TMCP 技术的最大开发难点所在。难点具体体现在以下几个方面：

(1) 高强度均匀化冷却：为了实现超快冷的目的，达到超高冷却强度，要求新开发的冷却装置具有很高的冷速，同时满足品种工艺对冷速大范围调整的要求。在保证高冷速的同时，必须保证冷却的均匀性，以保证板形和性能的均匀性。

(2) 灵活精确的冷却工艺路径控制：中厚板轧后冷却过程中将发生复杂的相变，冷却过程中的温度路径控制可以实现对材料相变过程的有效调控，从而得到需要的材料性能。与此同时，超快速冷却装置工艺复杂，冷却过程工艺控制难度大。因此，在超快速冷却工艺条件下，弛豫时间以及冷却路径的控制过程中各个阶段的冷却速度、终冷温度等工艺参数的控制和检测，是实现对产品组织性能有效调控的基本条件。

(3) 微合金化与控制轧制控制冷却的匹配：与传统 TMCP 技术过度依赖于添加微合金元素及低温大压下的方式来取得强化效果不同，新一代 TMCP 技术具备新的内涵，这就需要制定更为合理的工艺路线和更加优化的工艺制度，以充分发挥出析出强化、相变强化、细晶强化等各种强化机制的强化效果，获得最优的综合性能，最大限度地挖掘钢铁材料的潜力，实现中厚板材的高强度化和高性能化，进而满足不同使用条件对钢材性能的要求。

(4) 基于超快冷技术的品种开发：根据新一代 TMCP 技术的优势和特征，针对热轧中厚板产品的使用需求，如何利用以冷却作为主要手段的组织性能调控技术，开发性能优良、可循环的资源能源节约型系列中厚板产品是超快速冷却技术研究的出发点和落脚点。

(5) 与原生产线上下游工序的有机结合：新增的控制系统要完全嵌入现有轧线控制系统之中，受到工艺布置的限制，在热轧轧机至热矫直机短短几十米的距离内，热轧中厚板先后经历轧制、预矫直、冷却以及热矫直等多个工序，甚至同时经历多个工序。新增的控制系统需要与轧机控制系统、预矫直机、热矫直机控制系统进行有机融合和无缝衔接，这对冷却系统逻辑设计、系统响应速度、系统跟踪、冷却规程制定和实施提出更高的要求。

1.4 课题背景、研究目标和研究内容

如何克服传统 TMCP 工艺过程的缺点，即采用节约型的成分设计和减量化的生产工艺方法，获得高性能、高附加值、可循环的钢铁产品。这一问题实实在在地摆在了轧钢工作者的面前。基于 RAL 在超级钢工艺上的开发实践和对钢铁材料 TMCP 工艺技术领域的研究与体会，以及对传统控制冷却（层流冷却）技术重新认识，以东北大学王国栋院士为代表的轧钢工作者提出了以超快冷为核心的新一代的 TMCP 技术，采用冷却速度可调、可以实现较高冷却速度、冷却均匀性的控制冷却系统，综合采用细晶强化、析出强化、相变强化等多种强化机制，对钢材的相变过程进行控制，可以明显提高钢材的性能，充分挖掘钢铁材料的潜力。

鉴于新一代 TMCP 技术原理的核心是开发以超快速冷却为核心的轧后冷却技术。本课题的研究目标和研究思路明确如下：

（1）获得高冷却速度。研究射流冲击冷却换热规律，提高冷却能力与效率。开发新型喷射冷却核心装置，使其冷却能力达到传统层流冷却装置的 2 倍以上，能够实现中厚钢板的超快速冷却。

（2）获得良好的冷却均匀性。板形问题是轧后冷却技术的瓶颈问题。如何确保在极限冷速条件下钢板厚向、横向和纵向全方位的冷却均匀性是决定其能否实现良好工业化应用的关键所在。结合中厚板产品在线生产的工艺特点，充分发挥预矫直机对来钢板形的平整作用，并结合射流冲击冷却技术特点，极大改善冷却过程中钢板的均匀性，同时增强冷却水与热轧钢板之间的换热效率。

（3）研发成套新型轧后冷却装置全面取代传统层流冷却装置，新型 ADCOS-PM 装备通过调整供水压力和集管流量，实现冷却能力的连续大范围调整，实现 ACC/UFC/DQ 功能，满足不同冷却强度的工艺产品需求。

（4）建立高精度自动化控制系统，实现对终冷温度、冷却速度以及冷却路径等核心冷却工艺参数的高精度控制，满足中厚板产品品种繁多、生产节

奏快、冷却工艺窗口狭窄的产品生产需求。

（5）研究探索新一代 TMCP 技术的强化机理，开发新一代 TMCP 技术条件下的组织性能预测和优化理论框架与方法，充分发挥传统 TMCP 工艺、新一代 TMCP 工艺以及 DQ 工艺特点，最终实现高品质节约型中厚板产品的生产。

2 高温钢板射流冲击冷却换热机理研究

2.1 高温钢板水冷换热基本原理

2.1.1 沸腾换热原理

Guo R M 等[30~34]对大容器条件下的沸腾换热进行了研究，如图 2-1 所示。饱和沸腾状态下，钢板表面的换热会出现自然对流区、核沸腾区、过渡沸腾区和膜沸腾区 4 个区域。钢板表面过热度很小时，钢板和冷却介质的换热服从单相自然对流规律。钢板表面温度略微高于饱和温度点后，在钢板和冷却介质的界面将会产生气泡，进入核沸腾换热阶段。在此区域随着 ΔT 的进一步增大，钢板表面的换热系数和热流密度都急剧增大。当 ΔT 进一步增大时，换热进入过渡沸腾阶段。在此区域热流密度不仅不随 ΔT 的升高而提高，反而越来越低。当 ΔT 进一步增大时，换热过程进入膜沸腾换热阶段。

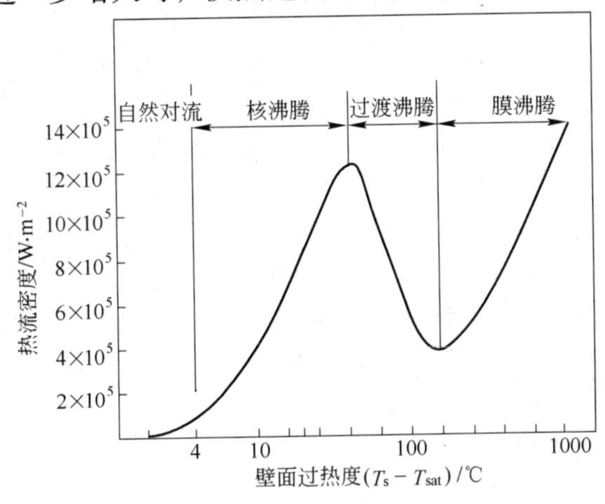

图 2-1 大容器沸腾曲线

T_s—壁面温度；T_{sat}—水沸腾临界温度

2.1.2 沸腾换热过程中的气泡状态

射流冲击冷却过程可描述为流动沸腾换热过程，流动沸腾与池沸腾换热有着巨大的差异。钢板表面的流场分布会对沸腾过程产生复杂的影响。在流动沸腾中生成气泡的尺寸和生命周期会随着流速、过冷度和热流密度的增加而减小。经过观察还发现，当表面过热温度提高时，气泡生成速度与生成频率有着显著增加。在很大的表面过热温度条件下，文献[35]表明 10^3帧/秒的摄像器材都不足以拍摄气泡的生命周期变化过程，因此，在大过冷度的流动沸腾冷却时可能看起来像没有气泡一样。

图 2-2 中 T_{sat}为沸腾临界温度，T_s 为表面温度，T_L为液体平均温度。在 A 与 B 之间布置了加热装置。可以看到随着 T_L的升高，气泡的尺寸与生产频率都有着明显的增加[36]。

在第一阶段，气泡的核心在形核点上产生，由于流体施加的作用力，气泡会向流动方向以角度 θ 倾斜。在第二阶段，气泡会沿着表面进行滑移并持续长大并最终会到达临界气泡体积。在第三阶段，浮力会使气泡飘起脱离表面[37]。如图 2-3 所示。

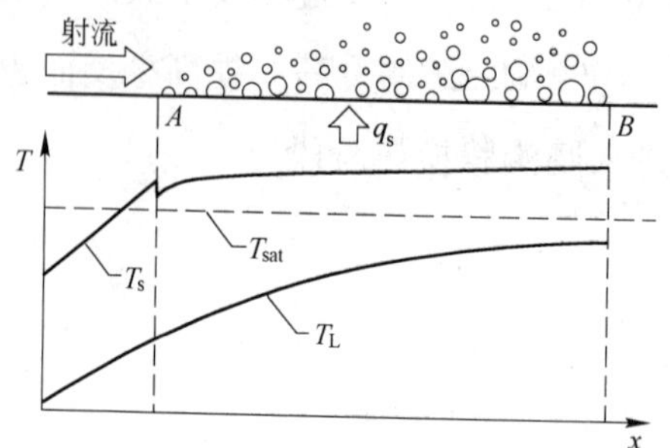

图 2-2 在管道下方加热时的气泡生成状态

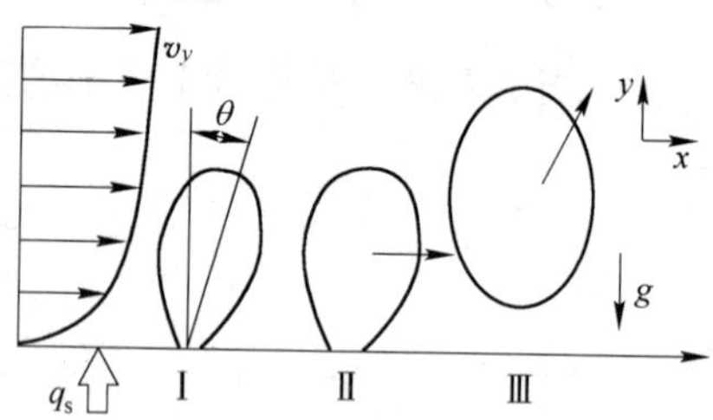

图 2-3 沸腾过程中气泡形成的三个阶段

从图 2-4 中可看出[38]，热流密度越大，沸腾气泡的尺寸与生命周期都越小，而表面过冷度的增大，气泡生成速度有显著的提高。

2.1.3 层流冷却换热机理

在传统的以层流冷却为主的中厚板加速冷却过程中，钢板与冷却水之间的换热分为五个区域，单相强制对流区在喷嘴的正下方，由内到外依次为核

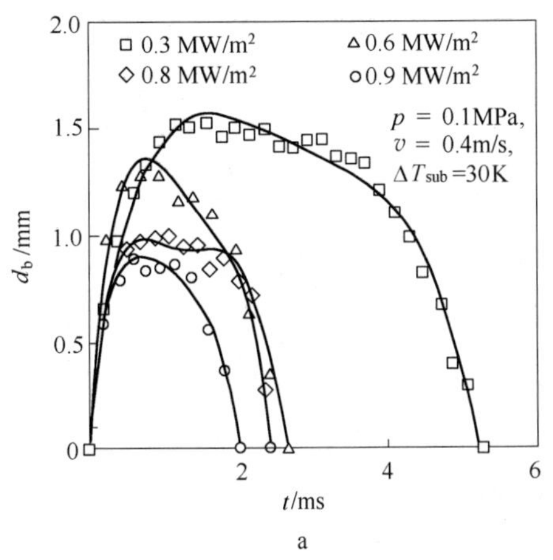

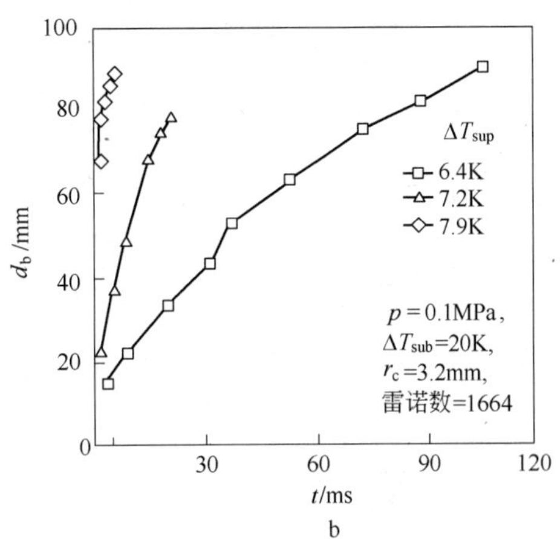

图 2-4 热流密度对气泡尺寸的影响（a）和表面过冷度对气泡生成速度的影响（b）

态沸腾区和过渡沸腾区、膜态沸腾强制对流区和小液态聚集区如图 2-5 所示。在单相强制对流传热区域冷却介质的冷却效率很高，表面温度较低。在膜态沸腾区由于蒸汽的导热性能差，表面与冷却水之间的换热系数很小。在小液态聚集区，传热方式为对流和辐射。在层流冷却条件下，换热强度不同的多种冷却方式同时共存，具有很强的随机性，容易引起钢板表面与冷却水的换热不均，从而引起钢板内部相变过程及内部应力的不均匀分布。如图 2-6 所示，在冷却过程中，瞬态沸腾与核沸腾的过渡时刻会达到最大的热流密度[39]。实际的层流冷却应用过程中并不能对水流形态进行有效的控制。

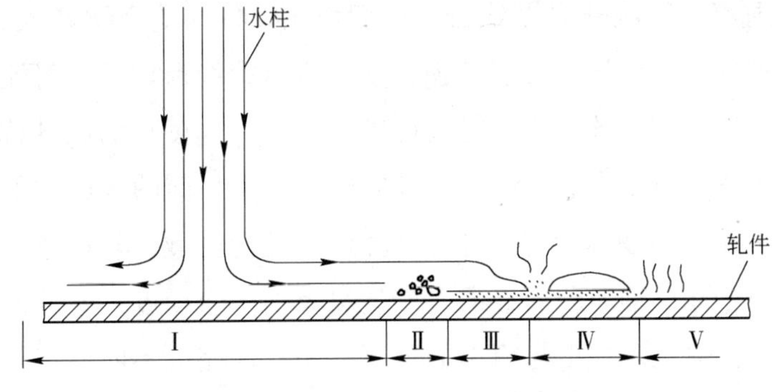

图 2-5 加速冷却换热区域示意图

Ⅰ—单相强制对流；Ⅱ—核态/过渡沸腾区；Ⅲ—膜状沸腾区；
Ⅳ—小液态聚集区；Ⅴ—向环境辐射和对流散热

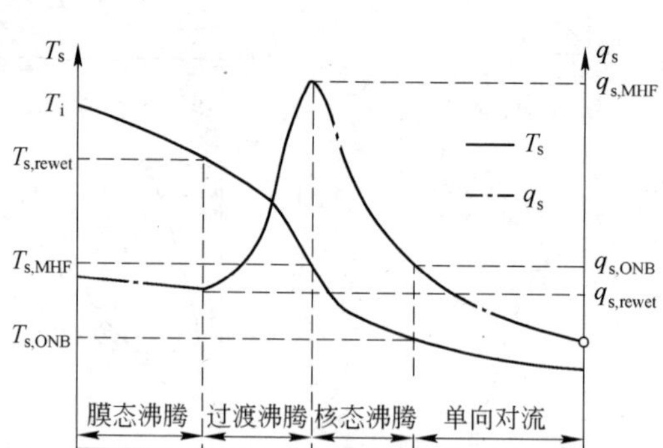

图 2-6 加速冷却温度曲线对应的热流密度关系

图 2-6 中 $T_{s,rewet}$、$q_{s,rewet}$ 分别为润湿时刻的表面温度和热流密度；$T_{s,MHF}$、$q_{s,MHF}$ 分别为达到最大热量密度时的表面温度和热流密度；$T_{s,ONB}$、$q_{s,ONB}$ 分别为转为单向对流时的表面温度和热流密度。

2.1.4 垂直射流冲击冷却换热机理

为便于分析，现以单个圆形喷嘴形成的冲击射流为例加以讨论。

由图 2-7 所示，单个圆形喷嘴形成的冲击射流存在三个具有不同特征的区域，分别为自由射流区（free jet）、滞止流动区（也称驻点区域，stagnation zone）和壁面射流区（wall jet）。射流从喷嘴喷出后，根据射流雷诺数 Re，可分为层流和湍流射流。实际上，中厚板超快速冷却过程中喷嘴射流速度较高，一般为湍流射流。射流外边界处由于剪切作用，将周围介质裹入到射流中，并与边界外的周围介质进行动量交换，使射流直径线形增长。射流中心处仍保持着一个速度均匀的核心区，射流到达距壁面 z_g 高度前的区域称为自由射流区。壁面上正对喷嘴中心，流动由轴向转向径向之前的区域一般称为滞止流动区（r_g区域），O 为滞止点（也称驻点）。在此区域，射流速度迅速滞止为零，并且急剧地由轴向转向径向，产生很大的压力梯度，参数变化最为激烈，从而使冲击射流表现出与简单的平行剪切流动完全不同的特性。随着流体和周围介质的动量交换，水平方向速度在 r_g处达到极值。射流到达壁面后，在滞止区压力梯度的驱动下，流体沿壁面向四周流开，形成壁面射流区。

当射流流体冲击高温表面时经历四个阶段的变化过程。如图 2-8a 所

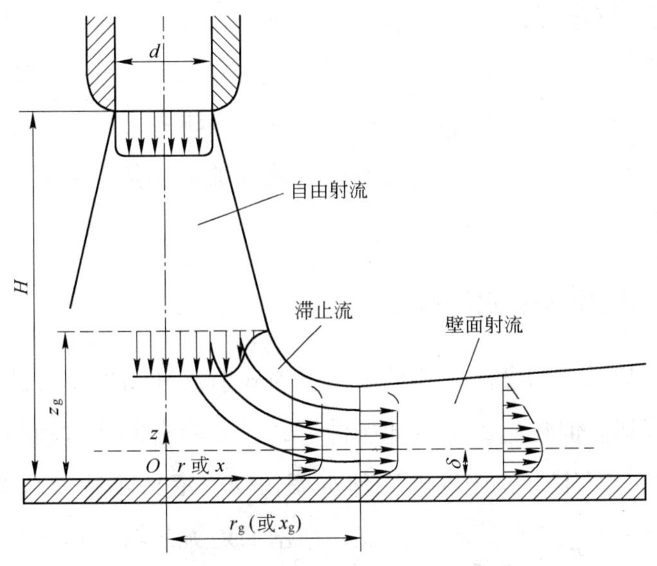

图 2-7 喷嘴射流冲击钢板的流动结构示意图

O—滞止点；δ—流动边界层厚度；r—沿壁面距离射流中心点的长度；
H—喷嘴与壁面的距离；z_g—距钢板表面的距离

示[40]，由于初始的高温壁面温度，冷却流体很难湿润壁面，当冷却流体一冲击至钢板表面，并不会立刻产生湿润表面，而是会形成一层气膜。随着壁面温度的降低，会先形成一小块润湿区域，此时润湿区域可能发生着瞬态沸腾换热。随着在瞬态沸腾换热的进行，壁面温度持续下降，壁面附近的蒸汽膜持续时间缩短，与壁面直接接触的流体数量和持续时间都会增加，这时突发性的流体与壁面接触会产生喷射型的蒸气泡，会导致水滴溅射现象，如图 2-8b所示。在图 2-8c 中随着壁面温度的进一步降低，会出现完全湿润区域，一旦表面发生了润湿现象，钢板表面会变暗，并被称作暗区。在这段时间充

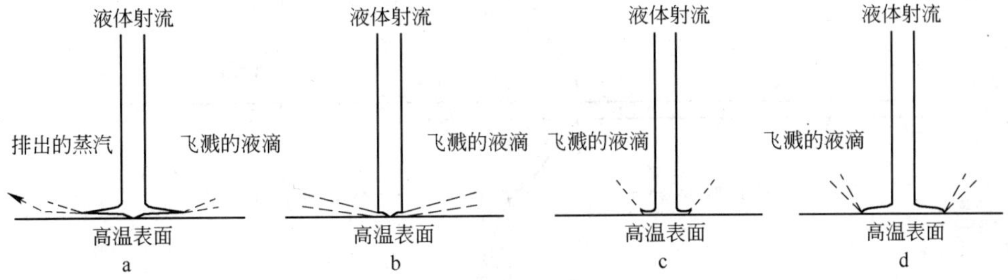

图 2-8 射流冲击高温表面的 4 个阶段

分发展的核沸腾和瞬态沸腾发生在润湿区域的边缘。液体在表面以细小的液滴飞溅。最终湿润区域不断长大并伴随着更宽的湿润边界，如图 2-8d 所示。此时最大热流密度发生在湿润边界区域，部分核沸腾和单相强制换热发生在湿润区域。在润湿边界区域外进行着稳定的膜沸腾换热，液滴在表面上进行滑移，底部是蒸气膜。

2.1.5 倾斜射流冲击冷却换热机理

超快速冷却系统的设计原理是采用斜喷式射流冲击冷却方式实现高温钢板的超快速冷却。但在超快速冷却条件下，射流冲击换热过程与沸腾换热互相关联。具有一定压力和速度的冷却水流，以一定角度冲击高温钢板表面，在滞止流区域附近发生射流冲击换热，在壁面射流区域冷却水并不反溅而是沿着钢板表面流动，水流速度逐渐降低，水流温度不断提高，（在冲击区域也是存在核沸腾换热的）如图 2-9 所示，射流冲击换热的特性表现为滞止区和壁面射流区的对流换热，滞止区内流体的流动边界层和热边界层的厚度大大减薄，存在很强的传热、传质效率。壁面射流区内壁面射流与周围空气介质之间的剪切所产生的湍流，被输送到传热表面的边界层中，使得壁面射流比

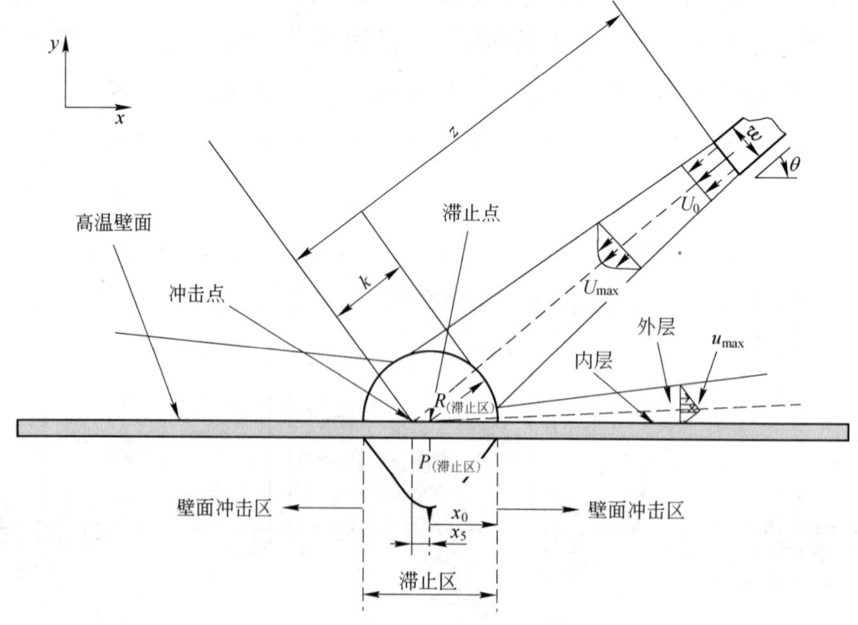

图 2-9 射流冲击冷却换热原理

平行流动具有更强的传热效果。射流冲击换热是强制对流中具有最高换热效率的传热方式，并且由射流区、滞止流动区和壁面射流区组成的射流冲击冷却区域大大减少了不稳定的换热方式存在，有效提高了钢板冷却过程中的冷却均匀性。

2.2 射流冲击换热特性研究

射流冲击换热过程中，一些参数直接关系着喷水状态及换热特性。本节超快冷喷嘴结构，在研究冲击射流雷诺数 *Re* 和普朗特数 *Pr*（反映流体物理性质对对流传热过程的影响）影响因素的基础上，通过分析 *Nu* 与 *Re*、入射角 θ 及辊缝值 h 的关系，得到 *Nu* 分布规律。之后，运用非线性拟合、外推法及非线性差值等方法，建立钢板表面 *Nu* 计算模型。

2.2.1 *Re* 和 *Pr* 计算

半封闭空间内的圆形喷嘴冲击射流流动时将雷诺数 *Re* 定义为：

$$Re = v_0 D / v \tag{2-1}$$

式中 v_0——喷嘴出流平均速度，m/s；

D——喷嘴直径，m；

v——流体运动黏性系数，m^2/s。

其中喷嘴出流平均速度可由上文分析求出。水的运动黏性系数与水温呈 3 次函数关系，可通过水温求出。超快冷系统正常工作时水温取值范围为 10~35℃，可知的流体运动黏性系数取值范围为（0.75~1.31）$\times 10^{-6}$ m^2/s。

根据对流传热边界层理论，普朗特数 *Pr* 定义为：

$$Pr = \nu / \alpha = c_p \eta / \lambda \tag{2-2}$$

式中 ν——流体运动黏性系数，m^2/s；

α——流体热扩散率，m/s；

c_p——比热容，J/(kg · ℃)；

η——动力黏度，Pa · s；

λ——导热系数，W/(m · ℃)。

Pr 反映了流体动量扩散能力与热扩散能力的对比。由于饱和水的 ν，α，

c_p，η，λ 均与温度有关，Pr 也是与温度有关的量。

2.2.2 *Nu* 计算及射流换热特性分析

如图 2-10 所示[41]，基于表面流层厚度与边界层厚度，可以将表面换热过程定义为四种机理。

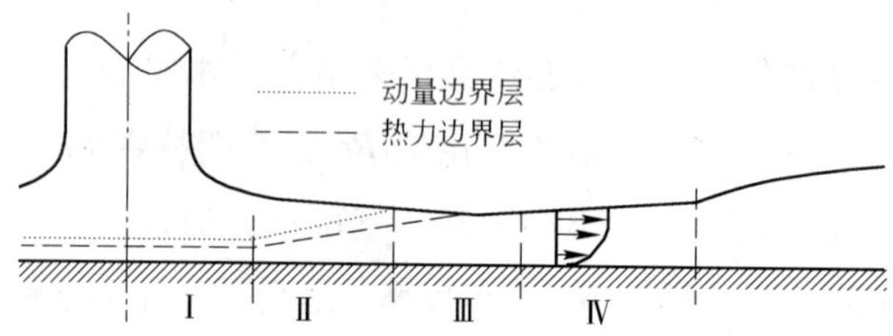

图 2-10 在均匀加热的表面动量与热力边界层的发展过程

区域Ⅰ（冲击区域，$0 \leqslant \bar{\gamma} \leqslant 1$，$\bar{\gamma}$ 为当前位置/喷嘴直径）

当 $0.7 \leqslant Pr \leqslant 3$ 时 $$Nu_J = 0.7212 \times Re_J^{1/2} Pr_L^{0.4} \tag{2-3}$$

当 $3 < Pr \leqslant 10$ 时 $$Nu_J = 0.7212 \times Re_J^{1/2} Pr_L^{0.37} \tag{2-4}$$

区域Ⅱ（$1 \leqslant \bar{\gamma} \leqslant 0.1773 \times Re_J^{1/3}$）

在这个区域，动量与热力边界层的厚度都小于流层厚度。

$$Nu_J = 0.668 \times \frac{Re_J^{1/2} \cdot Pr_L^{1/3}}{\bar{\gamma}^{1/2}} \tag{2-5}$$

区域Ⅲ $\left(0.1773 \times Re_J^{1/3} \leqslant \bar{\gamma} \leqslant 0.5554 \times \frac{Re_J^{1/3}}{(50 - 5.147 \times Pr_L)^{1/3}}\right)$

在这个区域，动量边界层的厚度与流层厚度相等，而热力边界层的厚度逐渐增大至与流层厚度相等。

$$Nu_J = 1.5874 \times \frac{Re_J^{1/3} \cdot Pr_L^{1/3}}{\left(25.735 \times \frac{\bar{\gamma}^3}{Re_J} + 0.8566\right)^{-2/3}} \tag{2-6}$$

区域Ⅳ $\left(\bar{\gamma} > 0.5554 \times \frac{Re_J^{1/3}}{(50 - 5.147 \times Pr_L)^{1/3}}\right)$

在这个区域，动量与热力边界层的厚度均达到流层厚度。

$$Nu_J = \left(\frac{4 \times \bar{\gamma}^2}{Re_J\, Pr_L} + C\right)^{-1} \tag{2-7}$$

其中

$$C = \frac{2.67 \cdot \bar{\gamma}^2}{Re_J} + \frac{0.089}{\bar{\gamma}} \tag{2-8}$$

可以看出换热能力在区域Ⅰ最高，然后有着显著的降低。

工程应用往往关注冲击射流的平均换热特征。马重芳等人综合大量文献的数据，给出了有关平均传热系数的计算方法。这些经验关联式的适用范围是：$2000 \leqslant Re \leqslant 400000$，$2 \leqslant H/D \leqslant 12$。

对单个圆形射流：

$$\frac{\overline{Nu}}{Pr^{0.42}} = G\left(\frac{r}{D}, \frac{H}{D}\right) F(Re) \tag{2-9}$$

式中，函数

$$G\left(\frac{r}{D}, \frac{H}{D}\right) = \frac{D}{r} \times \frac{1 - 1.1 \times \dfrac{D}{r}}{1 + 0.1 \times \left(\dfrac{H}{D} - 6\right) \times \dfrac{D}{r}} \tag{2-10}$$

$$F(Re) = 2\left[Re\left(1 + \frac{Re}{200}\right)^{0.55}\right]^{0.5} \tag{2-11}$$

对于由多股圆形射流排列的射流矩阵，其传热系数的计算方法为：

$$\frac{\overline{Nu}}{Pr^{0.42}} = \left[1 + \left(\frac{H}{0.6 \times D}\sqrt{f}\right)\right]^{-0.06} \frac{\sqrt{f}(1 - 2.2\sqrt{f})}{1 + 0.2 \times \left(\dfrac{H}{D} - 6\right)\sqrt{f}} Re^{2/3} \tag{2-12}$$

式中 f——相对喷嘴面积。

2.3 射流冲击换热数学模型的建立

超快速冷却装置通过减小出水口孔径，加密出水口，增加水压，以保证小流量的水流也能有足够的能量和冲击力击破水膜。根据其特点，可以认为超快速冷却系统通过流体直接冲击换热表面，使流动边界层和热力边界层大为减薄，从而大幅度提高了热/质传递效率，因此其具有射流冲击换热的特性。如图 2-11 所示，从换热机理上来看，是通过扩大单相强制对流区（区域Ⅰ）的面积，减小膜沸腾换热区（区域Ⅲ），来提高整个冷却系统的换热强度，从而达到快速冷却的目的。

因此超快冷装置的设计原理是采用具有一定压力和速度的冷却水流，以一定角度冲击高温钢板表面，在滞止流区域附近发生射流冲击换热，在壁面射流区域随着冷却水沿着钢板表面流动，水流速度逐渐降低，水流温度不断提高，换热方式由射流冲击换热逐步过渡到沸腾换热过程。因此，冷却均匀性和冷却效率大幅度提高。超快冷喷嘴的布置形式会在壁面产生干涉的流场区域，单个流场区域的形态如图 2-11 所示，六边形的流场分布形式有利于提高换热均匀性，减少膜沸腾区域的面积。

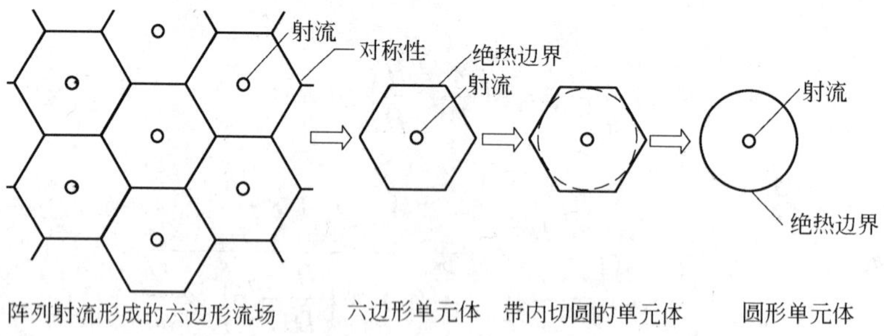

图 2-11　阵列式喷嘴布置产生的流场分布情况

按照 Devadas 和 Samarasekera 等人[42]根据实验研究确定射流冲击区对流传热系数见下式：

$$h = 0.063\frac{\lambda_w}{r}Re^{0.8}Pr^{0.33} \tag{2-13}$$

式中　h——对流传热系数；

λ_w——冷却水的热传导率；

r——距冲击点的距离；

Re——雷诺数；

Pr——普朗特数。

Holman 等人[43]提出的强制对流换热的热传递系数按照下式表达：

$$h = Pr^{0.33}(0.037Re^{0.8} - 850)\frac{\lambda}{w} \tag{2-14}$$

式中 w 是待定系数。雷诺数表示作用于流体微团的惯性力与黏性力之比。

3 中厚板超快速冷却条件下的温度场解析模型

中厚板轧后冷却过程中的理论模型是实现自动控制的基础。钢板轧后冷却过程自动控制的实现建立在对钢板温度变化进行控制的基础之上，因此有必要对影响钢板温度变化控制精度的理论模型进行深入研究。本章将针对影响钢板内部温度、组织变化的各种因素进行研究，分析钢板与外部热交换的过程，建立换热系数数学模型，合理计算钢板内部物性参数，并以有限元算法为基础建立温度场解析模型，为多阶段冷却控制系统的建立提供必要的理论支持。

3.1 导热微分方程

导热是物体各部分之间不发生相对位移时，依靠分子、原子及自由电子等微观粒子的热运动而产生的热量传递。通过对实践经验的提炼，导热现象的规律已经总结为傅里叶定律，具体表达式为：

$$q = -\lambda \cdot \mathrm{grad}T \tag{3-1}$$

式中 q ——热流密度，W/m^2；

grad T ——某点的温度梯度，℃/m；

λ ——热导率，W/(m · ℃)。

根据傅里叶定律和能量守恒定律，经过数学推导，可得到具有内热源瞬态三维非稳态导热微分方程[44]，表示为：

$$\rho \cdot c_p \cdot \frac{\partial T}{\partial \tau} = \frac{\partial}{\partial x}\left(\lambda \cdot \frac{\partial T}{\partial x}\right) + \frac{\partial}{\partial y}\left(\lambda \cdot \frac{\partial T}{\partial y}\right) + \frac{\partial}{\partial z}\left(\lambda \cdot \frac{\partial T}{\partial z}\right) + q \tag{3-2}$$

式中 q ——单位时间、单位体积中内热源的生成热，W/m^3。

导热微分方程式是描述导热过程共性的数学表达式。导热问题求解过程须给出使微分方程获得适合某一特定问题解的附加条件，称为定解条件。定解条件有两个方面，即初始时刻温度分布的初始条件和导热物体边界上温度或换热情况的边界条件。

初始条件指的是已知的初始时刻导热物体的温度分布。冷却过程钢板温度场随时间变化而变化，初始条件的形式如下：

$$T(x,\ y,\ 0) = \varphi(x,\ y) \tag{3-3}$$

边界条件是指给出导热物体边界上温度或换热情况，主要有以下三类：

（1）规定了边界上的温度值，称为第一类边界条件。在对流换热边界条件下，如果物体表面换热热阻远小于内部导热热阻，环境温度与物体边界温度相差很小，则给定对流换热边界条件就转化为给定温度边界条件。对于非稳态导热，$\tau > 0$ 时，这类边界条件表示为：

$$T_w = f(\tau) \tag{3-4}$$

式中　T_w——边界温度，℃。

（2）规定了边界上的换热系数值，称为第二类边界条件。给定物体边界上的热流边界条件，实际上是给定对流换热边界条件或给定辐射换热边界条件的一种特殊情况。在换热过程之中，如果物体边界上的热流与表面温度近乎无关，则认为边界条件即为热流边界条件。对于非稳态导热，$\tau > 0$ 时，这类边界条件表示为：

$$-\lambda \cdot \left(\frac{\partial T}{\partial n}\right)_w = f_2(\tau) \tag{3-5}$$

式中　n——表面 A 的外法线方向。

（3）规定了边界上物体与周围流体间的表面换热系数值 α 和流体温度 T_f，称为第三类边界条件。对于非稳态导热，$\tau > 0$ 时，这类边界条件表示为：

$$-\lambda \cdot \left(\frac{\partial T}{\partial n}\right)_w = \alpha \cdot (T - T_f) \tag{3-6}$$

式中　α——换热系数，$W/(m^2 \cdot K)$；

　　　T_f——流体温度，℃。

3.2 相变潜热计算方法

热轧钢板在轧后冷却过程中奥氏体组织向铁素体、珠光体、贝氏体以及马氏体组织转变，钢板发生体积膨胀，并释放出相变潜热。为保障温度场解析模型的计算精度，本文利用相变模型求解相变潜热。

3.2.1 相变开始温度计算

3.2.1.1 铁素体相变开始温度

相变开始温度主要由钢的化学成分、变形条件和冷却速度决定。化学成分中碳含量的影响最大。碳含量增加，碳原子在奥氏体中的扩散速度及铁的自扩散速度均增加。在不含有过剩碳化物的情况下，奥氏体晶粒随碳含量增大而增大，A_{r3}降低；实际测定的相变临界点用A_{r3}表示，其值可由式（3-7）计算获得。

$$A_{r3}=910-310\times w(\mathrm{C})-80\times w(\mathrm{Mn})-20\times w(\mathrm{Cu})-15\times w(\mathrm{Cr})-80\times w(\mathrm{Mo})-55\times w(\mathrm{Ni}) \quad (3\text{-}7)$$

热轧钢板的生产工艺过程对奥氏体连续冷却过程影响很大[45]。在高温阶段随着变形温度的降低A_{r3}上升。随着变形量的增大A_{r3}升高，在高温区变形量对A_{r3}影响较小，而在低温区变形时对A_{r3}的影响较大，低温大变形尤为突出，这是形变诱导相变的结果。终轧温度以及钢板厚度对相变开始温度的影响如式（3-8）所示。

$$A'_{r3}=A_{r3}+\{4.5\times \lg[310\times w(\mathrm{C})+80\times w(\mathrm{Mn})]-11.7\}\times\left[\frac{(4.9\times T_{\mathrm{FRT}})^{4.0}}{h}-0.4\right] \quad (3\text{-}8)$$

式中　T_{FRT}——终轧温度，℃；

　　h——钢板厚度，mm。

水冷状态下的A_{r3}最易受到奥氏体晶粒大小的影响，奥氏体晶粒细小，A_{r3}相应提高。加热温度、保温时间和冷却速度均会造成奥氏体晶粒度的不同，加热温度越高，保温时间越长奥氏体晶粒越大，相应的相变开始温度越低；实际生产中冷却速度一般较快，转变发生滞后现象，即转变开始点随着冷却速度的加快而降低；在同样的冷却速度下，变形使A_{r3}升高，其影响是随着冷却速度提高而增大。热轧钢板轧后水冷条件下的相变开始温度A_{r3}可由式(3-9)计算获得。

$$A_{r3}=757.72-637.4\times w(\mathrm{Nb})-2.39\times CR+7.34$$

$$\times w(\mathrm{A}) + 0.378 \times G_{\mathrm{size}} \tag{3-9}$$

式中 CR——冷却速度（Cooling Rate），℃/s；

G_{size}——奥氏体晶粒大小，μm。

3.2.1.2 马氏体相变开始温度

奥氏体内的碳含量是影响马氏体相变温度 M_s 的主要因素[46]。多数合金元素都降低钢的马氏体相变开始温度，如 Mn、V、Cr、Ni、Cu、Mo、W 等均会使 M_s 点降低，而 Co、Al 等则会使 M_s 点升高，但是与碳含量相比，合金元素均是次要的影响元素。对于 Fe-C 合金，一定化学成分范围内 M_s 计算公式为：

$$M_s = 520 - [320 - w(C)] \tag{3-10}$$

对含 0.1% ~ 0.55%C，0.1% ~ 0.35%Si，0.2%~1.7%Mn，0%~5.6%Ni，0~3.5%Cr，0%~1.0%Mo 的钢板，奥氏体化时碳化物完全溶解，则马氏体相变温度 M_s 表示为：

$$M_s = 561 - 474 \times w(\mathrm{C}) - 33 \times w(\mathrm{Mn}) - 17 \times w(\mathrm{Ni}) - 17 \times w(\mathrm{Cr}) - 21 \times w(\mathrm{Mo}) \tag{3-11}$$

对含 0.11% ~ 0.6% C，0.04% ~ 4.87% Mn，0.11% ~ 1.89% Si，0% ~ 0.046%S，0%~0.048%P，0%~5.04%Ni，0%~4.61%Cr，0%~5.4%Mo 的钢板，利用式（3-12）求解马氏体相变温度 M_s，且较高合金含量更为可靠。

$$M_s = 539 - 423 \times w(\mathrm{C}) - 30.4 \times w(\mathrm{Mn}) - 17.7 \times w(\mathrm{Ni}) - 12.1 \times w(\mathrm{Cr}) - 7.5 \times w(\mathrm{Mo}) \tag{3-12}$$

3.2.1.3 贝氏体相变开始温度

贝氏体相变开始温度 B_s 点随碳含量的增高而显著降低[47]。常用的合金元素均会使贝氏体相变开始温度 B_s 降低，但 Si 对 B_s 点没有影响。含 0.1% ~ 0.55%C，0.2% ~ 1.7%Mn，0.1% ~ 3.5%Cr，0% ~ 5%Ni，0.1% ~ 1.0%Mo 的钢板，贝氏体相变开始温度 B_s 可表示为式（3-13）所示的形式。

$$B_s = 830 - 270 \times w(\mathrm{C}) - 90 \times w(\mathrm{Mn}) - 37 \times w(\mathrm{Ni}) - 70 \times w(\mathrm{Cr}) - 83 \times w(\mathrm{Mo}) \tag{3-13}$$

3.2.2 相变转变量计算

3.2.2.1 扩散性相变计算

孕育期结束后相变开始。根据 Scheil 法则[48~51]，假设在一定温度下相变分数 X 仅仅是相变温度和已经转变百分含量的函数，而与具体的相变路径无关。计算形成铁素体体积分数的具体步骤如下：

首先，计算第一个时间步长内温度为 T_1 时形成的铁素体体积分数 X_{F1}，计算公式为：

$$X_{F1} = 1 - \exp[-k_F(T_1) \cdot t_1^n] \tag{3-14}$$

式中 $k_F(T_1)$ —— T_1 温度下的常数；

t_1 ——铁素体转变开始后第一时间步长内时间增量，其值为 Δt，s；

n ——常数。

根据 Fe-C 平衡相图计算温度为 T_1 时铁素体的重量分数 $W_F(T_1)$，重量分数 $W_F(T)$ 的计算表达式为：

$$W_F = \frac{C_A - C_0}{C_A - C_F} \tag{3-15}$$

式中 C_A ——奥氏体中的碳含量；

C_F ——铁素体中的碳含量；

C_0 ——相变前奥氏体中的碳含量。

根据铁素体的密度将重量分数转换成体积分数 $X_{FC}(T_1)$。在第二个时间步长内，每个等温温度下形成一个不同分数的铁素体。所以，将 X_{F1} 转换成 T_2 温度下它的平衡分数 X'_{F1}，计算表达式为：

$$X'_{F1} = \frac{X_{FC}(T_1)}{X_{FC}(T_2)} \cdot X_{F1} \tag{3-16}$$

在 T_2 温度下，利用 n 和 $k(T_2)$ 的值，计算形成 X_{F2} 时铁素体所需时间 t'_2 为：

$$t'_2 = \left(\frac{1}{k} \cdot \ln \frac{1}{1 - X'_{F1}}\right)^{\frac{1}{n}} \tag{3-17}$$

时间步长 Δt 与 t'_2 相加，利用式（3-14）计算下一个铁素体分数 X_{F2}。重复此过程，直到铁素体转变完成。

3.2.2.2 非扩散型相变

对于非扩散型转变[52]，转变量决定于温度而与时间没有关系。转变量和温度的关系可表示为：

$$V = 1 - \exp[-\alpha \cdot (M_s - T)] \tag{3-18}$$

式中 M_s ——马氏体相变点，℃；

α ——常数，反映钢种对相变速度的影响。

3.2.3 相变潜热计算

钢板冷却过程是相变进行的过程，相变时有相变潜热释放出来。当热轧钢板温度低于 A_{r3} 时，钢中奥氏体将会向自由能更低的其他相转变，同时释放出相变潜热。在确定相变潜热对冷却过程钢板温度场的影响时，最精确的方法是首先确定奥氏体的转变比率，然后计算出冷却过程的相变潜热。

比热容反映的是材料的热力学性能。单位质量物体每升高或者降低 1℃ 时，需要吸收或释放的热量就是该物质的比热容。钢板在控制冷却过程中，随着温度的变化，组织不断发生变化，而不同组织的钢板其比热容存在很大差异。确定合金材料的比热容可以先确定合金中各组织成分的比例，然后根据各组成相的比热容计算得到钢板的平均比热容。图 3-1 所示为比热容与碳含量及温度之间的关系。式（3-19）~式（3-21）分别为钢板由奥氏体相变为铁素体的比热容计算方法。

奥氏体比热容为：

$$c_{pA} = 505 + 0.1 \times T \tag{3-19}$$

铁素体比热容为：

$$c_{pF} = 422 + 0.931 \times T - 0.002143 \times T^2 + 2.64 \times 10^{-5} \times T^3 \tag{3-20}$$

平均比热容为：

$$c_p = c_{pA} \cdot w(A) + c_{pF} \cdot w(F) \tag{3-21}$$

普遍应用于工程中的比热容求解方法是根据钢板的化学成分和温度，通

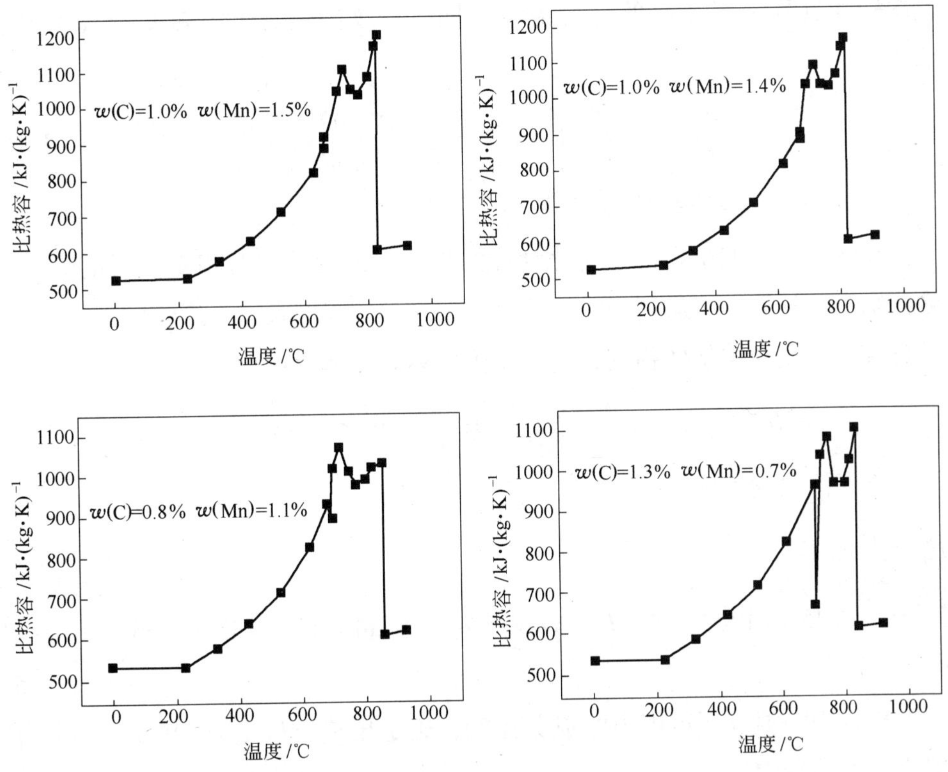

图 3-1 比热容与碳含量及温度之间的关系

过查表获取其对应的比热容系数。根据钢板的温度和碳含量，对比热容进行线性插值得到钢板当前状态下的比热容。

（1）根据钢板的碳含量为 C，确定碳含量为 C_1 和 C_2 的钢种使得 $C_1<C<C_2$。确定权重 $w_1=\dfrac{C_2-C}{C_2-C_1}$，$w_2=\dfrac{C-C_1}{C_2-C_1}$。

（2）查表得到碳含量为 C_1 的钢种当前温度下的比热容为 c_{p1}，碳含量为 C_2 的钢种当前温度下的比热容为 c_{p2}。则钢板的比热容表示为 $c_p=w_1\cdot c_{p1}+w_2\cdot c_{p2}$。

钢板发生组织转变的过程伴随着相变潜热的释放。在换热计算中，定义参量焓为：

$$H=\int_{T_0}^{T}c_p\mathrm{d}T \tag{3-22}$$

式中 H——相变过程中热焓，J/kg。

在不同的冷却条件下，奥氏体组织转变组织不同，各相的热焓值不同，组织转变过程中释放出的相变潜热不同。释放潜热与组织转变量成正比表示为：

$$Q = \int_{t_0}^{t} \rho(T) \cdot H(T) \cdot \frac{\partial X}{\partial t} \tag{3-23}$$

式中 X——相变组织的转变量。

在线计算模型中，出于简化计算的目的，模型通常对相变前后的组织热焓分别进行计算，之后利用线性插值方法求得该温度状态下组织的平均热焓。以奥氏体转变为铁素体相变为例，奥氏体热焓表示为：

$$H_{\mathrm{A}} = \int_{T_0}^{T} c_{p\mathrm{A}} \mathrm{d}T = 1.221 \times 10^5 + 505 \times T + 0.05 \times T^2 \tag{3-24}$$

铁素体热焓表示为：

$$\begin{aligned} H_{\mathrm{F}} &= \int_{T_0}^{T} c_{p\mathrm{F}} \mathrm{d}T \\ &= -2.452 \times 10^4 + 422 \times T + 0.466 \times T^2 - 0.714 \times 10^{-3} \times T^3 + 0.66 \times 10^{-6} \times T^4 \end{aligned} \tag{3-25}$$

根据当前温度下钢板中的成分比例，确定出热焓权重 w_{A} 和 w_{F}，则当前温度下的热焓表示为：

$$H = w_{\mathrm{A}} \cdot H_{\mathrm{A}} + w_{\mathrm{F}} \cdot H_{\mathrm{F}} \tag{3-26}$$

相应的相变潜热表示为：

$$Q = \sum \rho \cdot \Delta H \cdot \frac{X_{n+1} - X_n}{\Delta t} = \sum \rho \cdot \Delta H \cdot \Delta X \tag{3-27}$$

3.3 钢板热物性参数处理

利用数值分析求解温度场涉及的钢板热物性参数较多，主要热物性参数包括密度 ρ、热扩散率 α、热导率 λ 等[53]。它们是对钢板内部温度变化进行研究、分析、计算和工程设计的关键参数。这些参数随温度变化而变化。其中，温度变化对热导率等参数影响较大，对密度影响较小。下面分别介绍数值解析温度场过程中钢板热物性参数的处理方法。

3.3.1 确定热导率

傅里叶定律阐明热流与温度梯度之间存在着正比关系。热导率又称导热系数，是用于表征材料导热性能优劣的参数，表示一定温度梯度下单位时间单位面积上传导的热量，单位为 W/（m・℃）。

$$\lambda = - q/\mathrm{grad}T \tag{3-28}$$

中厚板在控制冷却的过程之中，热导率主要取决于钢板的化学成分、钢板温度以及钢板的组织状态等参数。合金元素 Cr、Ni、Mn、C、Si 等元素都是影响热导率的关键参数。在计算钢板的热导率时，通常根据测定的已知钢种不同温度下的热导率如图 3-2 所示，采用分段插值方法得到当前钢板的热导率。

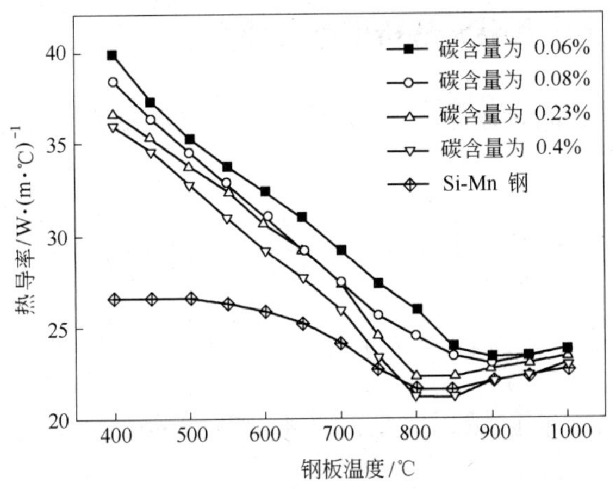

图 3-2 热导率与碳含量及温度之间的关系

3.3.2 确定钢板密度

密度是指材料每单位体积的质量，表示为：

$$\rho = m/V \tag{3-29}$$

式中 m——质量，kg；

V——体积，m^3；

ρ——密度，kg/m^3。

钢板温度变化对密度的影响不大。通常出于简化工程计算的目的，密度可选用常数值 7800kg/m^3。

3.3.3 确定热扩散率

利用热平衡方程进行中厚板控制冷却温度场计算，热扩散率是重要参数。

热扩散率是表征非稳态导热过程中温度变化快慢的物理量。

$$\alpha = \lambda/(\rho \cdot c_p) \tag{3-30}$$

式中 α——热扩散率，m^2/s；

c_p——比热容，$kJ/(kg \cdot K)$。

热扩散率是热导率、比热容和密度的函数。在相同温度梯度下，λ 越大，传导的热量越多。$\rho \cdot c_p$ 是体积热容量，单位体积 $\rho \cdot c_p$ 越小，温度升高 1℃所吸收的热量越少。

3.4 钢板内部导热有限元解析模型的建立

利用 Euler-Lagrange 方程[54,55]，对于含内热源平面二维非稳态温度场所对应的泛函求极小值。

$$J[T(x, y)] = \frac{1}{2}\iint_D \left\{ k\left[\left(\frac{\partial T}{\partial x}\right)^2 + \left(\frac{\partial T}{\partial y}\right)^2\right] - 2\left(\dot{q} - \rho c_p \frac{\partial T}{\partial t}\right) T \right\} \mathrm{d}x\mathrm{d}y + \frac{1}{2}\int_\tau h(T - T_\infty)^2 \mathrm{d}s \tag{3-31}$$

选择等参单元，将区域离散化为有 4 个节点的 E 个单元。单元区域离散化如图 3-3 所示。

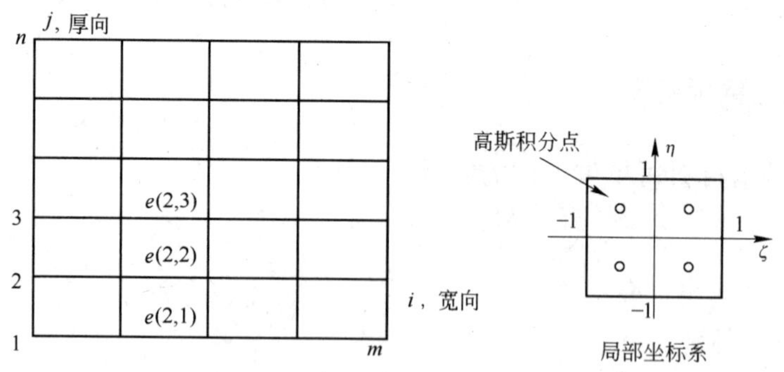

图 3-3 单元区域离散化

根据热传导问题的变分原理，对泛函求一阶偏导数并置零得：

$$\frac{\partial J}{\partial T_i} = \sum_{e=1}^{E} \frac{\partial J^{(e)}}{\partial T_i} = 0 \tag{3-32}$$

即

$$[K_1^{(e)}+K_2^{(e)}]\cdot\{T^{(e)}\}+[K_3^{(e)}]\cdot\left\{\frac{\partial T^{(e)}}{\partial t}\right\}=\{p\} \tag{3-33}$$

式中　$[K_{\mathrm{T}}]$——温度刚度矩阵，其值为 $\sum\limits_{e=1}^{E}([K_1^e]+[K_2^e])$；

$[K_3]$——变温矩阵，其值为 $\sum\limits_{e=1}^{E}[K_3^e]$；

$\{p\}$——常向量，其值为 $\sum\limits_{e=1}^{E}\{p^{(e)}\}$；

t——当前时刻。

单元刚度矩阵装配为整体刚度矩阵后可以写为：

$$[K_{\mathrm{T}}]\cdot\{T\}+[K_3]\cdot\left\{\frac{\partial T}{\partial t}\right\}=\{p\} \tag{3-34}$$

以差分形式表示温度对时间的导数为：

$$\left\{\frac{\partial T}{\partial t}\right\}=\frac{\{T\}_t-\{T\}_{t-\Delta t}}{\Delta t} \tag{3-35}$$

式中　Δt——时间间隔。

则单元刚度矩阵装配为整体刚度矩阵表示为：

$$\left([K_{\mathrm{T}}]+\frac{1}{\Delta t}[K_3]\right)\cdot\{T\}_t=\frac{1}{\Delta t}[K_3]\cdot\{T\}_{t-\Delta t}+\{p\} \tag{3-36}$$

$$K_{1ij}^e=\iiint_{Ve}k\left(\frac{\partial N_i}{\partial x}+\frac{\partial N_j}{\partial y}\times\frac{\partial N_j}{\partial y}\right)\mathrm{d}V \tag{3-37}$$

$$K_{2ij}^e=\iint_S hN_iN_j\mathrm{d}S \tag{3-38}$$

$$K_{3ij}^e=\iiint_{Ve}\rho c_{\mathrm{p}}N_iN_j\mathrm{d}V \tag{3-39}$$

$$p_i^e=\iiint_{Ve}\dot{q}N_i\mathrm{d}V+\iint hT_\infty N_i\mathrm{d}S \tag{3-40}$$

其中 N_i 为有限元中的形函数，表示为：

$$N_i=\frac{1}{4}(1+\zeta_i\zeta)(1+\eta_i\eta) \tag{3-41}$$

式中　ζ_i——节点 i 在 ζ、η 局部坐标系中的横坐标值；

η_i——节点 i 在 ζ、η 局部坐标系中的纵坐标值。

实际计算中 ζ、η 可取为有限元解法求解时高斯积分点处的局部坐标值，利用上述方程求出 t 时刻的温度场，反复迭代求解，可得出任意时刻的温度场。

3.4.1 有限单元网格划分

为确保有限单元的计算精度同时提高有限元方法的计算速度，满足在线控制的需求，需要对有限单元进行合理的网格划分。

非对称问题有限单元网格划分，计算表达式为：

$$nod_i = \left[\left(\frac{i+1}{\frac{n}{2}}\right)^{4/3} - \left(\frac{i}{\frac{n}{2}}\right)^{4/3}\right] \cdot \frac{L}{2} \tag{3-42}$$

式中 n——网格总数；

nod_i——第 i 单元长度，mm；

L——钢板厚度或宽度，mm。

对称问题有限单元网格划分，计算表达式为：

$$nod_i = \left(\left(\frac{i+1}{n}\right)^{4/3} - \left(\frac{i}{n}\right)^{4/3}\right) \cdot L \tag{3-43}$$

3.4.2 时间步长确定

有限单元法求解温度场，需要合理确定时间步长。首先，确定基本水冷和空冷时间步长，然后根据递推公式反复迭代求得各个阶段的时间步长。

空冷状态下基本时间步长表示为：

$$\mathrm{d}t_{\mathrm{air}} = 1000.0 \times L/3 \tag{3-44}$$

空冷迭代时间步长表示为：

$$\mathrm{d}t = \mathrm{d}t_{\mathrm{air}} \times (1.0 + 10.0 \times \sqrt{0.0125 \times i}) \tag{3-45}$$

式中 $\mathrm{d}t_{\mathrm{air}}$——空冷基本时间步长，s；

i——计算次数；

L——钢板厚度或宽度，mm。

水冷状态下基本时间步长表示为：

$$\mathrm{d}t_{\mathrm{wat}} = 100.0 \times L/(CR + 1) \tag{3-46}$$

水冷迭代时间步长表示为：

$$\mathrm{d}t = \mathrm{d}t_{\mathrm{wat}} \times (1.0 + 10.0 \times \sqrt{0.0125 \times i}) \tag{3-47}$$

式中 $\mathrm{d}t_{\mathrm{wat}}$——水冷基本时间步长，s；

CR——冷却速度，℃/s；

i——计算次数。

3.5 换热系数模型的建立

在 UFC 工艺下钢板表面与冷却水之间的换热系数模型如式（3-48）所示。

$$\alpha = \begin{cases} a \cdot F^{b} \cdot T^{-c} & (T > T_{c}) \\ a \cdot F^{b} \cdot T_{\min}^{-c} & (T < T_{c}) \end{cases} \tag{3-48}$$

式中 a，b，c——常数；

F——水流密度；

T_{c}——临界温度。

在 ACC 工艺下钢板表面与冷却水之间的换热系数模型如式（3-49）所示。

$$\alpha = \begin{cases} d \cdot (C_{1} + C_{2} \cdot T_{w}) \cdot (C_{3} + C_{4} \cdot F) & (T < T_{c1}) \\ (C_{1} + C_{2} \cdot T_{w}) \cdot (C_{3} + C_{4} \cdot F) \cdot (e - C_{4} \cdot T) & (T_{c1} \leqslant T < T_{c2}) \\ f \cdot (C_{1} + C_{2} \cdot T_{w}) \cdot (C_{3} + C_{4} \cdot F) & (T_{c2} \leqslant T) \end{cases} \tag{3-49}$$

式中 d，e，f，C_{1}，C_{2}，C_{3}，C_{4}——常数；

T_{c1}——临界温度；

T_{c2}——临界温度。

3.6 厚向平均温度处理方法

中厚板冷却过程中，钢板厚度方向呈明显的中凸形分布，如图 3-4 所示。以钢板厚度中心为原点建立坐标系，将钢板内部温度作离散化处理。假设钢板内部温度在钢板厚度方向上对称分布，在厚度方向上将钢板划分为 $2n$ 个层别，对应的每个节点在图中的位置（x_{i}，y_{i}），节点厚度为 h_{i}，节点温度值 T_{i}，节点比热容为 c_{pi}，其中 $i = -n$，…，0，…，n。对每个层别单元的内能进行积分处理，钢板半厚上的内能可以表示为：

$$E = \sum_{i=1}^{n} E_{i} = \sum_{i=1}^{n} \int_{x_{i-1}}^{x_{i}} c_{pi} \cdot \rho \cdot A \cdot T_{i} \cdot \mathrm{d}x_{i} \tag{3-50}$$

式中 E——钢板内能，J；

E_i——各个单元内能，J；

n——节点数量；

i——节点序号；

c_{pi}——第 i 节点对应的比热容，kJ/(kg·K)；

ρ——钢板密度，7800kg/m^3；

A——各个单元横截面积，m^2；

T_i——第 i 节点温度,℃；

dx_i——节点间的微分长度，m。

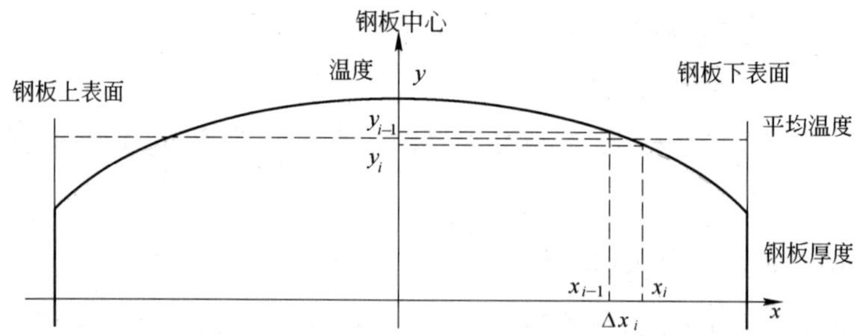

图 3-4 钢板厚度方向温度曲线分布

将平均温度视为常数，则钢板半厚上内能表示为：

$$E = \sum_{i=1}^{n} \int_{x_{i-1}}^{x_i} c_{pi} \cdot \rho \cdot A \cdot dx_i \cdot T_{ave} \tag{3-51}$$

式中 T_{ave}——钢板平均温度,℃。

由于密度 ρ 随温度变化不大，可视为积分的常数，而截面面积 A 也是积分常数，则平均温度可表示为：

$$T_{ave} = \frac{\sum_{i=1}^{n} \int_{x_{i-1}}^{x_i} c_{pi} \cdot T_i \cdot dx_i}{\sum_{i=1}^{n} \int_{x_{i-1}}^{x_i} c_{pi} \cdot dx_i} \tag{3-52}$$

当前普遍应用于计算中厚板平均温度的方法是将比热容 $c_p(x)$ 视为温度的常数，如果采用节点间线性插值方法计算钢板内温度分布[56]，简化的平均温度计算方法表示为：

$$\overline{T} = \frac{\sum_{i=1}^{n} (T_{i-1} + T_i) \cdot \Delta h_i}{2h} \tag{3-53}$$

式中 Δh_i——层别厚度，m。

3.7 瞬时冷却速度计算模型的建立

求解导热微分方程得到钢板厚向温度分布，并计算钢板厚向各层冷却速度如式（3-54）所示。

$$R_i = \frac{T_{s,i} - T_{f,i}}{t} \tag{3-54}$$

式中 R_i——钢板厚向第 i 层冷却速度；

$T_{s,i}$——钢板厚向第 i 层开冷温度；

$T_{f,i}$——钢板厚向第 i 层终冷温度；

t——钢板水冷时间。

控制系统以平均冷却速度作为控制目标，其计算方法如式（3-55）所示。

$$\overline{R} = \frac{\overline{T_s} - \overline{T_f}}{t} \tag{3-55}$$

式中 $\overline{R}$——钢板厚向平均冷却速度；

$\overline{T_s}$——钢板厚向平均开冷温度；

$\overline{T_f}$——钢板厚向平均终冷温度。

由于中厚板较长且运行速度较慢，钢板由头至尾依次通过冷却区，这必然导致钢板纵向冷却速度不尽相同。沿纵向对钢板进行分段处理，各段冷却速度如式（3-56）表示。

$$R_j = \frac{T_{s,j} - T_{f,j}}{t_j} \tag{3-56}$$

式中 R_j——钢板纵向第 j 段平均冷却速度；

$T_{s,j}$——钢板纵向第 j 段平均开冷温度；

$T_{f,j}$——钢板纵向第 j 段平均终冷温度；

t_j——钢板纵向第 j 段水冷时间。

4 中厚板多功能冷却装备研发

结合中厚板超快速冷却喷水系统的结构设计需要，利用有限元分析工具ANSYS 流体动力学模块 FLUENT 流体分析功能，采用湍流分析的标准 $k-\varepsilon$ 模型，模拟分析集管进水方式、均流结构等对喷水系统流场和流量分布的影响为喷水系统的结构设计提供理论参考。

4.1 湍流射流的控制方程和标准 *k-ε* 模型

4.1.1 湍流射流的控制方程

不考虑射流初始瞬态过渡过程，并对实际流动问题采用如下假设条件：

（1）流体为等温流动；

（2）流体是不可压缩的牛顿型黏性流体，具有常物性；

（3）忽略质量力的影响。

则流体的运动满足纳维-斯托克斯方程（Navier-Stokes 方程）[57]：

$$\frac{\partial u_i}{\partial x_i} = 0 \tag{4-1}$$

$$\frac{\partial u_i}{\partial t} + u_j \frac{\partial u_i}{\partial x_j} = -\frac{1}{\rho}\frac{\partial p}{\partial x_i} + \nu \frac{\partial^2 u_i}{\partial x_j \partial x_j} \tag{4-2}$$

式中 ρ——流体密度；

p——流体压力；

ν——流体的运动黏度，m^2/s；

u_i——流体质点在各方向的速度分量，$i = 1, 2, 3$。

对于湍流流动，可将流体瞬时量（速度 u_i 和压力 p_i）分解成平均和脉动两个部分，表示为：

$$u_i = \overline{u_i} + u_i' \tag{4-3}$$

$$p_i = \overline{p_i} + p'_i \tag{4-4}$$

式中，$\overline{u_i}$ 和 $\overline{p_i}$ 表示平均值，u'_i 和 p'_i 表示脉动值。

对 Navier-Stokes 方程作系综平均，有：

$$\overline{\frac{\partial u_i}{\partial x_i}} = 0 \tag{4-5}$$

$$\overline{\frac{\partial u_i}{\partial t}} + \overline{u_j \frac{\partial u_i}{\partial x_j}} = -\overline{\frac{1}{\rho}\frac{\partial p}{\partial x_i}} + \nu \overline{\frac{\partial^2 u_i}{\partial x_j \partial x_j}} \tag{4-6}$$

遵照求导（对时间和空间求导均适用）和系综平均运算可交换的原则，将式（4-3）、式（4-4）代入 Navier-Stokes 方程式（4-1）和式（4-2），可得到湍流的时均运动方程：

$$\frac{\partial \overline{u_i}}{\partial x_i} = 0 \tag{4-7}$$

$$\frac{\partial \overline{u_i}}{\partial t} + \overline{u_j}\frac{\partial \overline{u_i}}{\partial x_j} = -\frac{1}{\rho}\frac{\partial \overline{p}}{\partial x_i} + \nu \frac{\partial^2 \overline{u_i}}{\partial x_j \partial x_j} - \frac{\partial \overline{u'_i u'_j}}{\partial x_j} \tag{4-8}$$

式（4-7）和式（4-8）组成了湍流平均运动的控制方程，也称为雷诺平均方程。与 Navier-Stokes 方程相比，雷诺平均方程有一附加应力项：$-\partial \overline{u'_i u'_j}/\partial x_j$，附加应力可记作 $-\rho \overline{u'_i u'_j}$，被称为雷诺应力。正是由于雷诺应力的出现，导致雷诺方程不封闭。

将 Navier-Stokes 方程式（4-1）和式（4-2）和雷诺平均方程式（4-7）和式（4-8）相减，即可得到湍流脉动运动的控制方程：

$$\frac{\partial u'_i}{\partial x_i} = 0 \tag{4-9}$$

$$\frac{\partial u'_i}{\partial t} + \overline{u_j}\frac{\partial u'_i}{\partial x_j} + u'_j \frac{\partial \overline{u_i}}{\partial x_j} = -\frac{1}{\rho}\frac{\partial p'}{\partial x_i} + \nu \frac{\partial^2 u'_i}{\partial x_j \partial x_j} - \frac{\partial}{\partial x_j}(u'_i u'_j - \overline{u'_i u'_j}) \tag{4-10}$$

式（4-9）称为脉动运动连续方程。式（4-10）称为脉动运动方程。由式(4-8)和式（4-10）可见，湍流流体的平均和脉动方程均满足流体的连续运动方程。

雷诺应力 $-\rho \overline{u'_i u'_j}$，是对瞬时流动控制方程进行时均化处理过程中产生的脉动值附加项，表示脉动对时均流动所产生的影响。

由式（4-7）和式（4-8）组成的湍流平均运动控制方程组，其未知量的数目远超过方程个数，因此，雷诺方程是不封闭的。

求解上述湍流控制方程的主要问题，是确定雷诺应力（ $-\rho\,\overline{u'_i u'_j}$ ）。湍流中的物质扩散，受流体平均运动的对流和湍动扩散两个过程所控制。根据湍流的运动规律，引入不同的附加条件和关系式来近似表示这些湍动量，就可得到不同的湍流模型，也就是以湍流模式来模拟真实湍流的平均特征。这些用微分形式或代数方程表示的模拟关系式，与湍流控制方程一起，组成封闭方程组，就可近似模拟真实的湍流流动。现有的湍流模型很多，各具特色，也各有其局限性。其中，标准 $k-\varepsilon$ 两方程湍流分析模型得到了较为广泛的应用。

4.1.2 标准 *k-ε* 模型

标准两方程 k-ε 模型是以湍动能量方程作为补充方程。根据布辛涅斯克（J. V. Boussinesq ）在 1877 年提出的涡黏性模型：

$$\overline{-u'_i u'_j} = \nu_t\left(\frac{\partial \overline{u_i}}{\partial x_j} + \frac{\partial \overline{u_j}}{\partial x_i}\right) - \frac{2}{3}k\delta_{ij} \tag{4-11}$$

式中 ν_t ——涡黏性系数；

k ——单位质量流动的湍动动能；

δ_{ij} ——克罗内克尔符号，$i=j$ 时 $\delta_{ij}=1$，$i\neq j$ 时 $\delta_{ij}=0$。

引入代表湍动动能 k 和能量耗散率 ε 的微分方程：

$$k = \frac{1}{2}\overline{u'_i u'_i} \tag{4-12}$$

$$\varepsilon = \nu\,\overline{\frac{\partial u'_i u'_i}{\partial x_j \partial x_j}} \tag{4-13}$$

采用柯尔莫哥洛夫-普朗特（Kolmogorov-Prandtl）表示式，将涡黏性系数 ν_t 与湍动动能 k 联系起来，即：

$$\nu_t = C'_\mu\sqrt{k}L \tag{4-14}$$

式中 C'_μ ——经验常数；

k——单位质量的湍动动能，$k=\frac{1}{2}\overline{u_i u_i}$；

L——特征长度。

湍流的湍动能 k 的输运方程为：

$$\frac{\partial k}{\partial t}+\bar{u}_j\frac{\partial k}{\partial x_j}=-\frac{\partial}{\partial x_j}\left[\frac{\overline{p'u'_j}}{\rho}+\overline{k'u'_j}-\nu\frac{\partial k}{\partial x_j}\right]-\overline{u'_i u'_j}\frac{\partial \bar{u}_i}{\partial x_j}-\nu\overline{\frac{\partial u'_i}{\partial x_j}}\overline{\frac{\partial u'_i}{\partial x_j}} \tag{4-15}$$

$$k'=\frac{1}{2}u'_i u'_i$$

式中 $\frac{\partial k}{\partial t}$——湍动能 k 的变化率；

$\bar{u}_j\frac{\partial k}{\partial x_j}$——平均运动产生的 k 的对流输运，简称对流项；

$\frac{\overline{p'u'_j}}{\rho}+\overline{k'u'_j}-\nu\frac{\partial k}{\partial x_j}$——湍动能 k 的扩散输运，简称扩散项；

$\overline{u'_i u'_j}\frac{\partial \bar{u}_i}{\partial x_j}$——湍动能 k 的产生项；

$\nu\overline{\frac{\partial u'_i}{\partial x_j}}\overline{\frac{\partial u'_i}{\partial x_j}}$——黏性作用引起的 k 的耗散项，简称耗散项。

为得到一个封闭的方程组，对式（4-15）中的扩散项和耗散项引入如下模型：

$$-\left(\frac{\overline{p'u'_j}}{\rho}+\overline{k'u'_j}\right)=\frac{\nu_t}{\sigma_k}\frac{\partial k}{\partial x_j} \tag{4-16}$$

$$\varepsilon=C_D\frac{k^{3/2}}{L} \tag{4-17}$$

式中 σ_k，C_D——经验常数。

于是，k 方程可写为：

$$\frac{\partial k}{\partial t}+\bar{u}_j\frac{\partial k}{\partial x_j}=-\frac{\partial}{\partial x_j}\left[\left(\nu+\frac{\nu_t}{\sigma_k}\right)\frac{\partial k}{\partial x_j}\right]+\nu_t\left(\frac{\partial \bar{u}_i}{\partial x_j}+\frac{\partial \bar{u}_j}{\partial x_i}\right)\frac{\partial \bar{u}_i}{\partial x_j}-C_D\frac{k^{3/2}}{L} \tag{4-18}$$

式中经验系数 $C_D\approx0.08$，$\sigma_k=1$。这就是湍动能量方程模型中应用最多的 k 传输方程。

由式（4-14）、式（4-17），涡黏性系数 ν_t 可写为：

$$\nu_t = C_\mu \frac{k^2}{\varepsilon} \tag{4-19}$$

式中 C_μ——无因次经验常数，$C_\mu = C'_\mu C_D$。

湍动动能 k 方程已由式（4-18）给出，为此，需要补充一个求解 ε 的微分方程。ε 方程的建立仍是从 Navier-Stokes 方程出发，可得到准确的 ε 传输方程。洛迪（W. Rodi）[57]认为在高雷诺数的情况下，可考虑局部各向同性而将 ε 传输方程写为：

$$\frac{\partial \varepsilon}{\partial t} + \overline{u}_j \frac{\partial \varepsilon}{\partial x_j} = -\frac{\partial}{\partial x_j}(\overline{u'_j \varepsilon'}) - 2\nu \overline{\left(\frac{\partial u'_i}{\partial x_k} \frac{\partial u'_i}{\partial x_j} \frac{\partial u'_k}{\partial x_j}\right)} - 2\overline{\left(\nu \frac{\partial^2 u'_i}{\partial x_j \partial x_j}\right)^2} \tag{4-20}$$

令 ε' 为湍动耗损率，可写为：

$$\overline{-u'_j \varepsilon'} = \frac{\nu_t}{\sigma_\varepsilon} \frac{\partial \varepsilon}{\partial x_j} \tag{4-21}$$

并对式（4-20）中的其他两项采用下列模型假定：

$$-2\nu \overline{\left(\frac{\partial u'_i \partial u'_i}{\partial x_k \partial x_j} \frac{\partial u'_k}{\partial x_j}\right)} - 2\overline{\left(\nu \frac{\partial^2 u'_i}{\partial x_j \partial x_j}\right)^2} = \left(C_{1\varepsilon} \frac{\pi}{\varepsilon} - C_{2\varepsilon}\right) \frac{\varepsilon^2}{k} \tag{4-22}$$

式中 π —— k 的产生项，$\pi = -u'_i u'_j \frac{\partial u'_i}{\partial x_j}$；

$C_{1\varepsilon}$，$C_{2\varepsilon}$ ——经验常数。

于是得到 ε 方程：

$$\frac{\partial \varepsilon}{\partial t} + \overline{u}_j \frac{\partial \varepsilon}{\partial x_j} = \frac{\partial}{\partial x_j}\left(\frac{\nu_t}{\sigma_\varepsilon} \frac{\partial \varepsilon}{\partial x_j}\right) + \left(C_{1\varepsilon} \frac{\pi}{\varepsilon} - C_{2\varepsilon}\right) \frac{\varepsilon^2}{k} \tag{4-23}$$

C_μ，$C_{1\tau}$，$C_{2\tau}$，σ_k，σ_τ C_μ 等为标准 $k-\varepsilon$ 的模式常数，Launder 和 Spalding[58]建议的模式常数为如表 4-1 所示。

表 4-1 k-ε 的模式常数

C_μ	σ_k	σ_ε	$C_{1\varepsilon}$	$C_{2\varepsilon}$
0.09	1.0	1.3	1.44	1.92

$k-\varepsilon$ 两方程模型在推演过程中采用了以下几项基本处理：（1）用湍动动

能 k 反映特征速度；（2）用湍动动能耗散率 ε 反映特征长度尺度；（3）引入了 $\nu_t = C_\mu k^2/\varepsilon$ 的关系；（4）利用了布辛涅斯克（Boussinesq J. V.）涡黏性模型进行简化。正因为如此，可以认为 k-ε 模型具有以下优点：（1）通过求解偏微分方程考虑湍流物理量的输运过程，即通过求解偏微分方程确定脉动特征速度与平均场速度梯度的关系，而不是直接将两者联系起来；（2）特征长度不是由经验确定，而是以耗散尺度作为特征长度，并由求解相应的偏微分方程得到。由于脉动特征速度和特征长度是通过求解相应的微分方程得到，因而 $k-\varepsilon$ 模型在一定程度上考虑了流场中各点的湍能传递和流动的历史作用。计算结果表明，它能较好地用于某些复杂的流动，如环流、渠道流、边壁射流和自由湍射流，甚至某些复杂的三维流等。

4.2 整体狭缝式喷水系统的结构设计

喷嘴是 ADCOS-PM 装置的核心设备，为实现获得高温钢板与冷却水之间的高效均匀换热，ADCOS-PM 装置将倾斜射流冲击冷却技术作为本系统的核心换热技术，全新设计的全宽范围均匀高流速的缝隙式冷却喷嘴，具有冷却均匀性好、冷却效率高的特点并利用有限元软件分析了喷嘴内部流场以及射流冲击流场的流动规律。

4.2.1 整体狭缝式喷嘴设计

缝隙喷嘴能够产生流量分布均匀的出口射流，是中厚板超快速冷却设备中核心装置。为保证中厚板冷却过程中的冷却均匀性和板材平直度，在分析研究同类喷嘴结构特点的基础上，结合上述喷嘴结构对出口射流流量分布的影响作用，同时兼顾喷嘴使用工况，研发设计了具有自主知识产权的缝隙喷嘴，如图 4-1 所示。

缝隙喷嘴的口径为 1.6~5.0mm，喷水角度和喷嘴与钢板之间距离可根据工艺需要进行调节。0.2MPa 压力条件下，水流密度控制范围为 300~1500L/(m^2·min)；0.5MPa 压力条件下，水流密度控制范围为 500~2300L/(m^2·min)。

4.2.2 狭缝倾斜射流冲击流体流动规律分析

超快冷缝隙喷嘴采用了狭缝倾斜射流冲击的形式，其水量可大范围无级

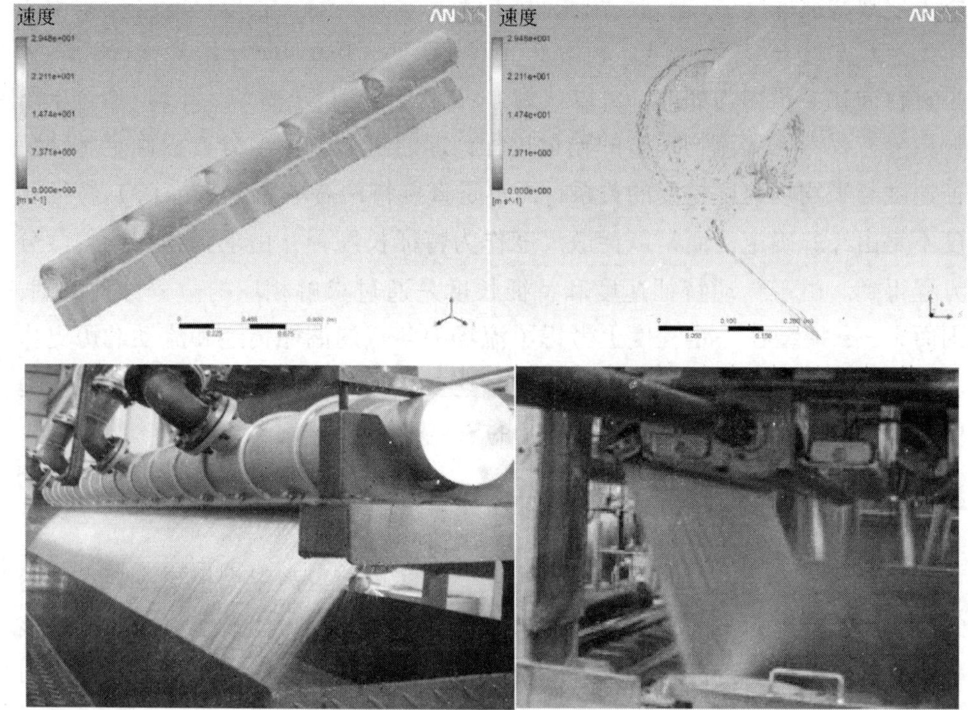

图 4-1 喷嘴喷射情况模拟图片和实际图片

调节，能满足不同冷却工艺的需要。对窄缝倾斜射流冲击的流体运动进行模拟。

图 4-2 为喷嘴射流过程中流体流动矢量图，图中中心部分为流速较大区域，由此可见，缝隙喷嘴倾斜角度的设计让冷却水对钢板不仅有垂直方向的冲击作用，还加强了对钢板纵向的冲刷效果，加速了冷却水在钢板表面的流动，提高换热效率，同时也起到了清除表面积聚残余水的作用。

图 4-3 为射流水对近钢板表面的冲击压力分布等值线图，缝隙喷嘴特有的狭缝式喷射形式使得冷却水在钢板横向上形成均匀连续的带状冲击区，冲击区内的压力集中，能很好地击穿钢板表面水层，获得很高的换热效率，可使钢板表面温度快速降低。

图 4-4 为近钢板表面水流速度分布图，这里取射流方向为正，逆流方向为负。图中直角矩形框所示范围为冲击区域，两个圆角矩形框所示范围为壁

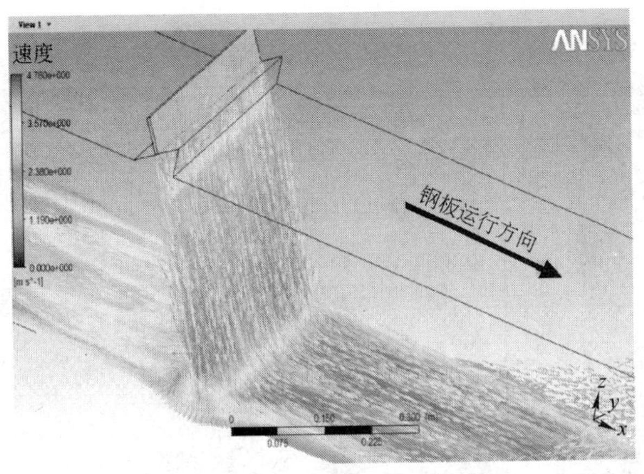

图 4-2 窄缝倾斜射流冲击流体流动矢量图

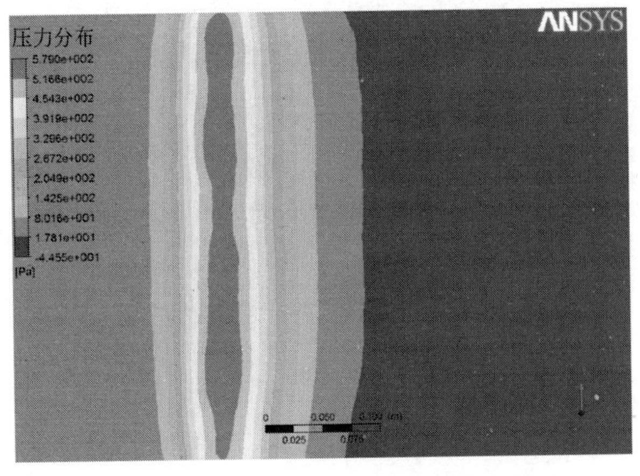

图 4-3 近钢板表面冷却冲击区压力分布

面射流区域。现分析有效冲击区横向中心线上压力分布（图 4-4 中虚线段）、壁面射流区内距冲击区中心线 500mm 处的横向速度分布（图 4-4 中白色线段）以及钢板表面纵向中心线（图 4-4 中黑色线段）上的压力和速度分布情况。

结合图 4-3、图 4-5 和图 4-6 可知，冲击带状区中间横向 400mm 内的压力集中，其横向上的压力基本稳定在 550Pa 左右，这是由于狭缝的喷水形式，保证了水在横向上的连贯性，对于钢板表面的冲刷更加均衡，有利于提高冷却均匀性。从纵向来看，在冲击区压力达到峰值，随着纵向距离的增大压力

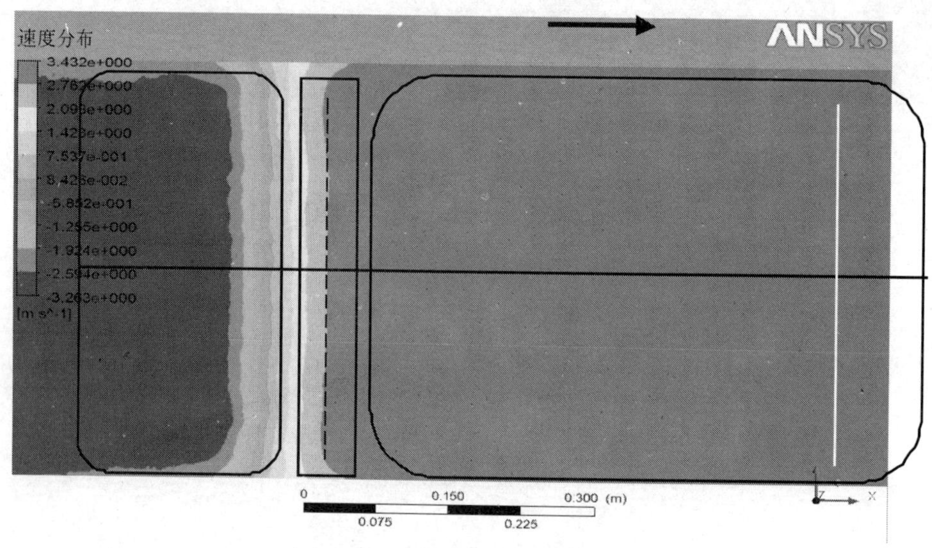

图 4-4 近表面水流速度分布

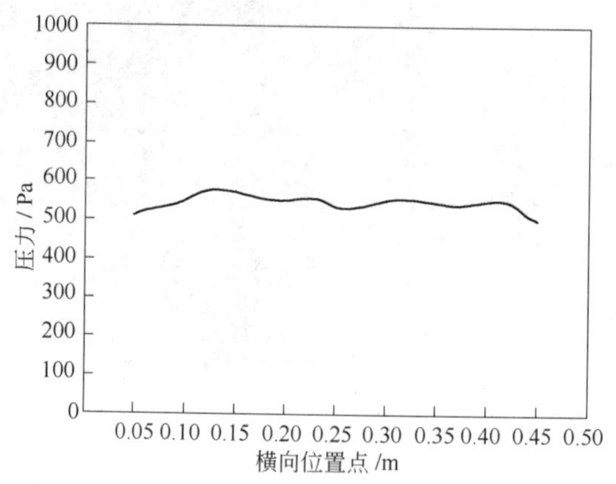

图 4-5 冲击区域横向压力分布

急剧减小，这是由于流体刚接触钢板表面时，竖直向下的动量被钢板吸收，产生较大的冲击压力，同时随着距驻点位置的增加，流体流向被逐渐改变为水平方向，对钢板的作用力减弱，冲击压力急剧下降。

结合图 4-4~图 4-8 可知，射流区横向速度基本稳定在 3. 3m/s，由于流体的相互干扰，图 4-7 中流速曲线出现小范围波动。对于纵向速度曲线而言，流体速度呈非对称分布，冲击带状区内滞止点处速度达到最低，顺向冲击的

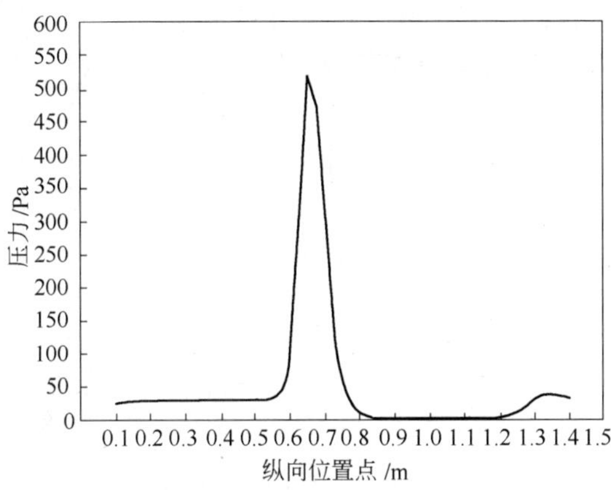

图 4-6 钢板纵向中心线上压力分布

流速大于逆向冲击流体的流速，以冲击点为中心随着纵向距离的增大，流体流速呈先增大后减小的变化趋势。这是由于此处流速取的是水平方向，而冷却水冲击钢板时主要流速为竖直方向，在冲击区内的水平速度分量值很小；受到冲击后，流体的方向被强制扭转成水平方向，此时水平速度分量值急剧上升至峰值，随着纵向距离的继续增大，流体的动量受到其他流体的干扰以及摩擦阻力，表现为速度越来越低。同时，由于倾斜的射流角度，势必造成顺向流体动量的分量大于逆流动量的分量，因此表现为在壁面射流区内，顺向流速大于逆向流速。

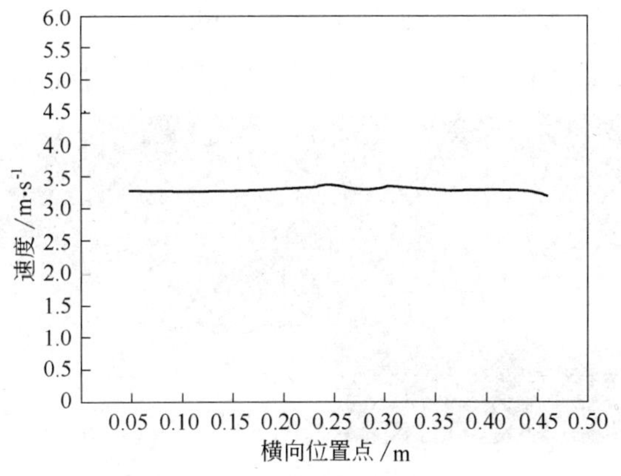

图 4-7 射流区域横向速度分布

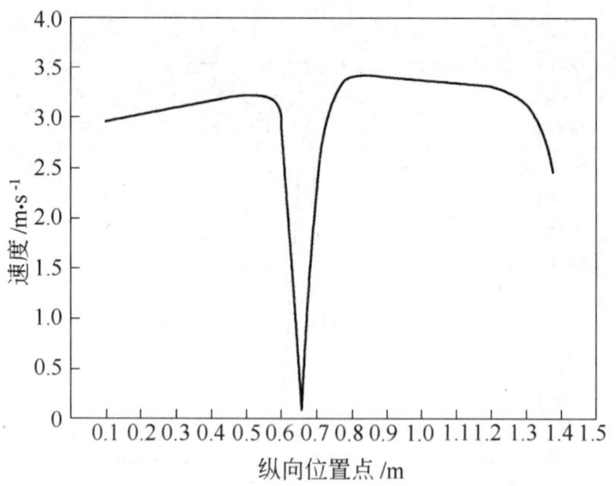

图 4-8 钢板纵向中心线上速度分布

4.3 阵列式高密快冷喷嘴的结构设计

超快速冷却装备全新设计了带一定角度的圆形小口径高密度阵列排布高密快冷喷嘴，以达到高效的换热效果和冷却均匀性。并利用有限元分析软件对喷嘴内部流场和冲击射流流场进行模拟和分析。

4.3.1 高密快冷喷嘴设计

高密快冷喷嘴的单位冷却强度低于缝隙喷嘴，用于缝隙喷嘴后以便进一步降低钢板表面温度，保持钢板内部和表面的温度梯度，如图 4-9 所示。冷却水经高密快冷喷嘴喷后形成密集的水柱，均匀的喷射在该喷嘴覆盖区域内。高密快冷喷嘴的冷却速率调整范围非常大，可以适合于各品种钢板的冷却。在高密度喷嘴中设置水凸度调整装置和节水装置，通过喷嘴合理设计配合控

图 4-9 高密快冷喷嘴喷水图

制阀组实现宽板的凸度控制和节水控制。上喷嘴的水流密度调整范围为 300～1500L/(m^2 · min)，下喷嘴的水流密度调整范围为 100～1875L/(m^2 · min)。

4.3.2 圆形倾斜射流冲击流体流动规律分析

建立单集管倾斜射流冲击仿真模型如图 4-10 所示。模拟参数如表 4-2 所示。

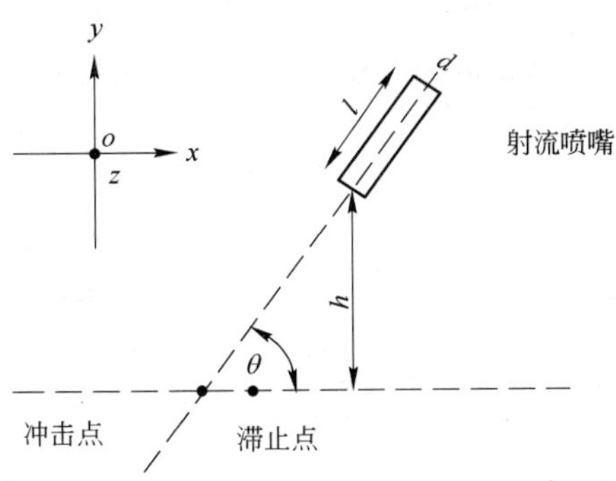

图 4-10 单喷嘴射流冲击仿真模型

表 4-2 模拟参数

序号	模拟条件	参数变量
1	d：5mm，l：8mm，θ：60°，h：50mm	v：5m/s，10m/s，15m/s，20m/s
2	l：8mm，θ：60°，h：50mm，v：10m/s	d：2.5mm，5mm，10mm，15mm
3	d：5mm，l：8mm，h：50mm，v：10m/s	θ：30°，45°，60°，90°
4	d：5mm，l：8mm，θ：60°，v：10m/s	h：25mm，50mm，100mm，200mm

4.3.2.1 单喷嘴射流冲击流体流动规律

A 流速对流体特征的影响

图 4-11a 表示横向的流体流动速度的分布，可以观察到流速在冲击点的两侧上对称地分布。冲击点附近的流速是相对较小的，在距离达到峰值

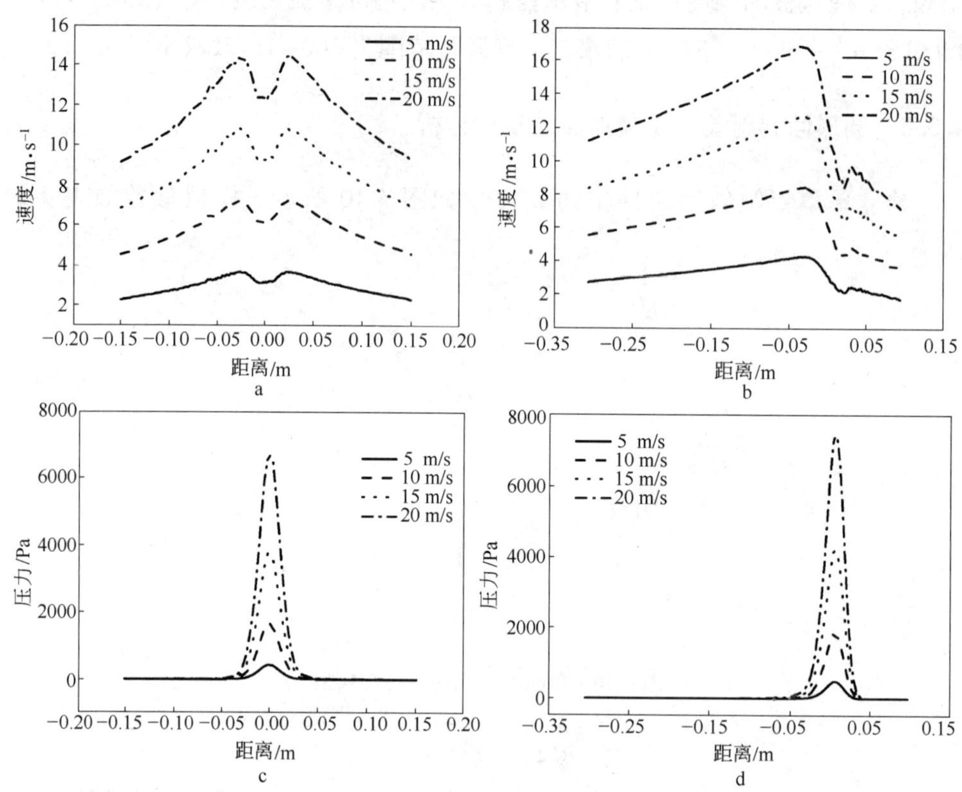

图 4-11　喷嘴射流速度对流体特征的影响

a—横向流速；b—纵向流速；c—横向压力；d—纵向压力

0.025m 之前，流速是随着距离的增加而逐渐增加的，然后呈逐渐减小趋势。如图 4-11b 所示，从纵向流体的流速分布曲线上可以看出，流体的流速是不对称分布的。沿射流冲击方向的流速比沿相反方向的流速快。同样对于横向流体的流速分布，流体的流速在驻点的周围也是增加的，然后随着距驻点的距离的增加而减小。从流体流速的趋势可以得出结论，速度的峰值并不在驻点上，而是在流体流动的模式从自由射流区向壁面射流区改变的边缘上。由于流体内部的剪切应力和壁面的摩擦，流体的流动速度随着径向的增加而逐渐减小。在壁面射流区，流体的流速降低是因为流体的流动受流体的黏度和逐渐扩大的影响区域的影响。由于流体内部的剪切应力和壁面的摩擦，流体的流动速度随着径向的增加而逐渐减小。另外，流体的流速分布受入口射流速度的显著影响。随着入口射流速度的增加，在同一径向位置和冲击区域的流体流速的变化值也相应增加。从纵向流体流动速度的趋势可以看出，当入口射流的速度为 5m/s、10m/s、15m/s 和 20 m/s 时，流体流速的峰值分别为 4.30m/s、8.46m/s、12.71m/s 和 16.94m/s。射流冲击的传热能力与壁面射流的流速分布密切相关。随着入口射流和壁面射流的流速增加，湍流度被增大，所以对流传热性能提高。

从图 4-11c、d 可以看出，纵向和横向的压力分布是相似的。可以发现，驻点位于冲击点的后方。在冲击过程中，流体和环境之间有大量的不间断的动量和能量的交换。随着径向距离的增加，大量的动量和能量的损失越来越多。最后，黏性变形过程完成时流体的流动能量减少为零。与流体的流速一样，冲击压力区的面积随着入口射流速度的增加而增加，因为有更多动量和能量的流体会加剧冲击水流的干扰和增加流体的速度梯度。但是速度的增加并不会突出扩大压力影响区，当射流速度的浮动范围从 5m/s 到 20m/s 时，冲击压力只能在横向从 46mm 到 81mm 和纵向从 50mm 到 91mm 的范围起作用。在热的状态下，边界层的壁厚将更薄，传热效率也将相应增加。

B 喷嘴直径对流体特征的影响

速度分布曲线表明，喷嘴直径对流体的流速分布是一个重要因素。随着喷嘴直径的增加，流体的流速显著增加但是梯度略有下降。同时，流体的峰值流速从冲击点位置向外扩展。图 4-12a、b 所示的横向的流体流动速度曲线，从中可以看出，当喷嘴的直径从 2.5mm 变化到 15mm，流体的峰值流速从 6.32m/s 变化到 8.01m/s 时，流体的流动速度峰值点和冲击点之间的距离从 20.27mm 变化到 34.69mm。图 4-12c、d 的压力分布曲线表明，随着喷嘴直径的增加，冲击点的压力和面积显著增加。冲击压力的范围在横向方向从 46mm 至 100mm，在纵向方向上从 49mm 到 117mm。

C 喷射角度对流体特征的影响

如图 4-13 所示，随着射流角度的减小，射流到目标点的距离变大，流体流动速度的峰值点到冲击点的距离也变大。在纵向方向的峰值速度逐渐增加，驻点的位置越来越接近射流的入口位置，同时压力值也越来越大。当射流角

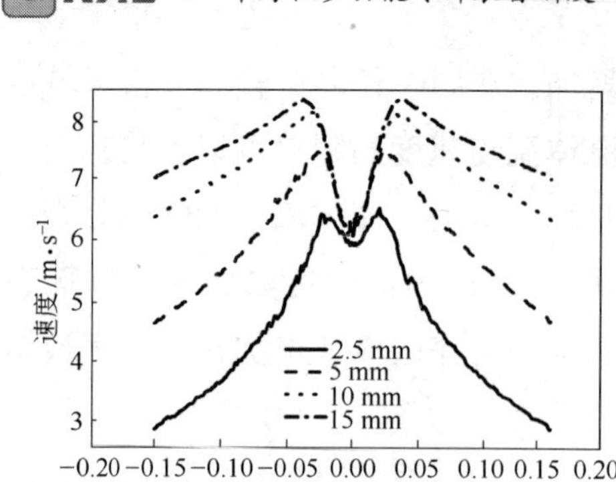

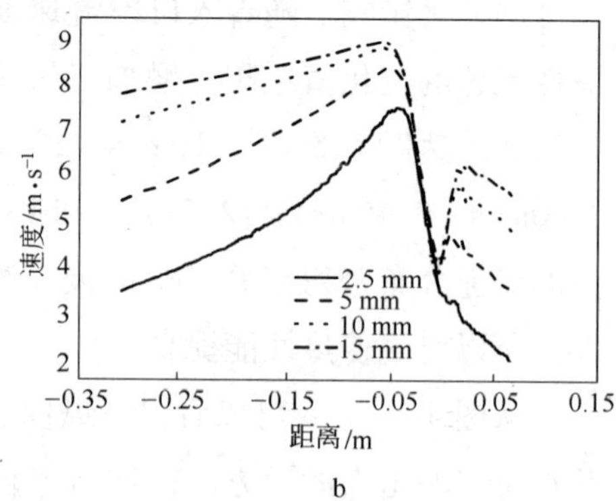

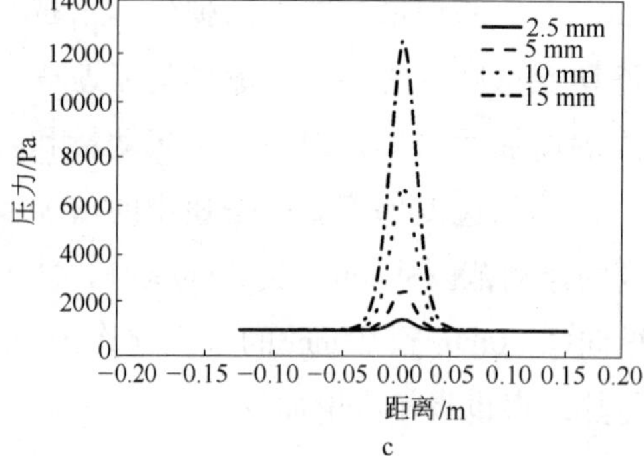

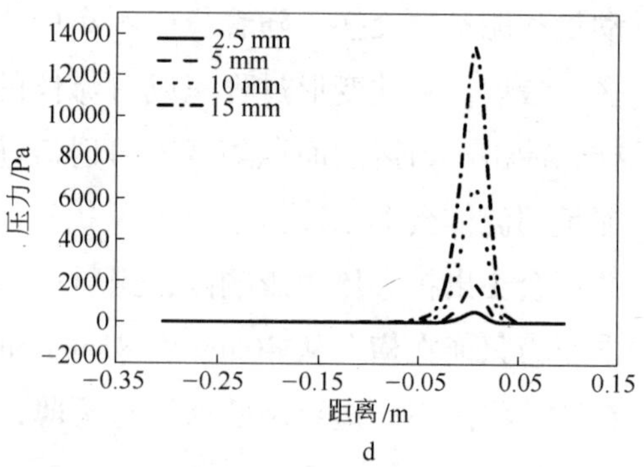

图 4-12 喷嘴直径对流体特征的影响

a—横向流速；b—纵向流速；c—横向压力；d—纵向压力

度为 30°、45°、60°和 90°，峰值压强为 549.79Pa、1180.45Pa、1912.25Pa 和 2654.22Pa 时，冲击点和驻点之间的距离分别为 25.18mm、11.00mm、4.62mm 和 0.00mm。这是因为当角度变大时，入口射流和钢表面的距离将变短，使流体和周围介质之间的能量和动量交换变得越来越小。

D 喷嘴高度对流体特征的影响

影响流体流动特性的重要参数之一是射流到目标的距离，在图 4-14 中可以看出射流高度对流体的流动特性的影响。随着射流高度的增加，流体的流速先开始增加，然后逐渐减小。当射流的高度为 25mm，50mm，100mm 和 200mm 时，流体流速的峰值分别为 8.37m/s、8.49m/s、8.47m/s 和 7.86m/s，冲击点和驻点之间的距离分别是 3.43mm、4.59mm、7.46mm 和 16.21mm。同时，峰值点变得远离冲击点。这种特殊射流的合适喷射高度是从 50mm 到

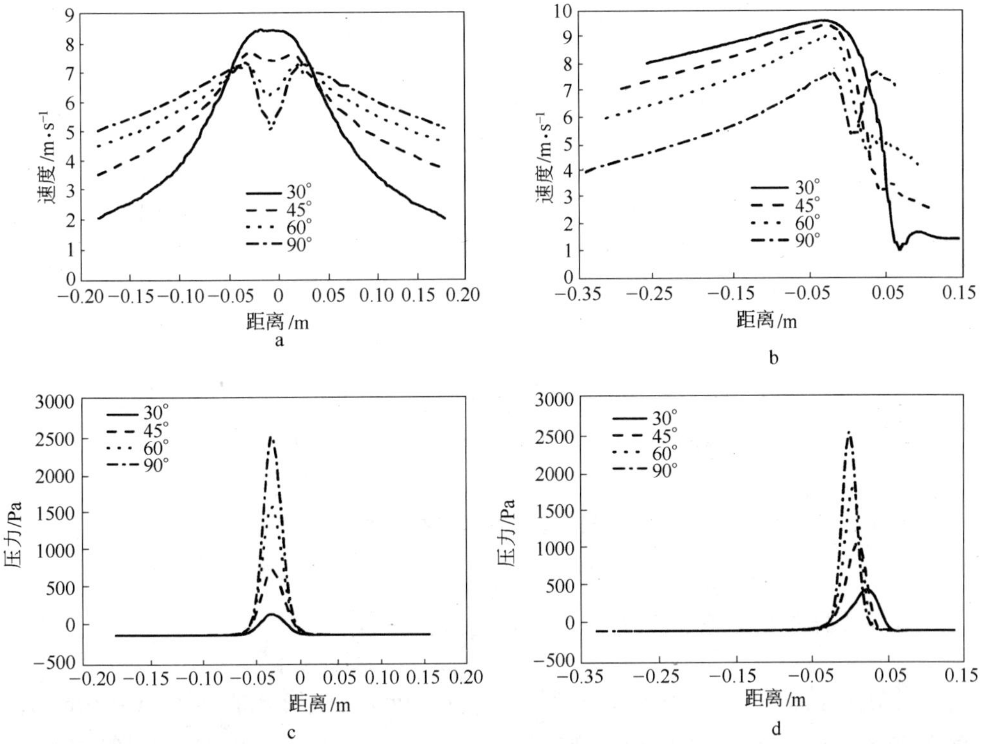

图 4-13 喷射角度对流体特征的影响

a—横向流速；b—纵向流速；c—横向压力；d—纵向压力

100mm。从图 4-14d 的纵向压力分布曲线中可以看出，喷射高度越高，驻点和射流出口之间的距离就将越大。与喷射角度的影响相似，随着喷射高度的增加，冲击压力将变得越来越小。这是因为射流入口和钢的表面之间的距离较长，流体和周围介质之间能量和动量交换也会更大。

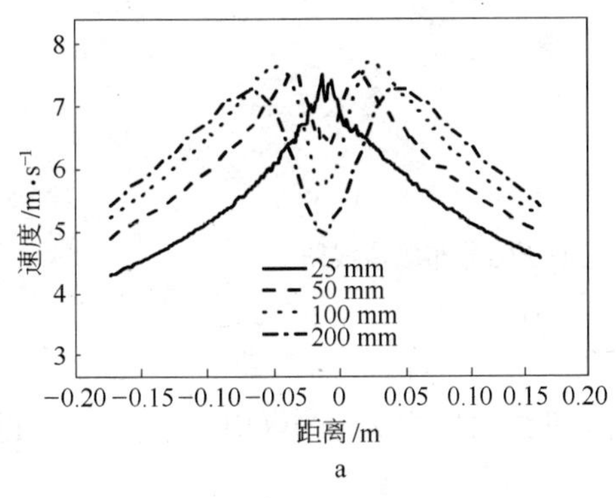

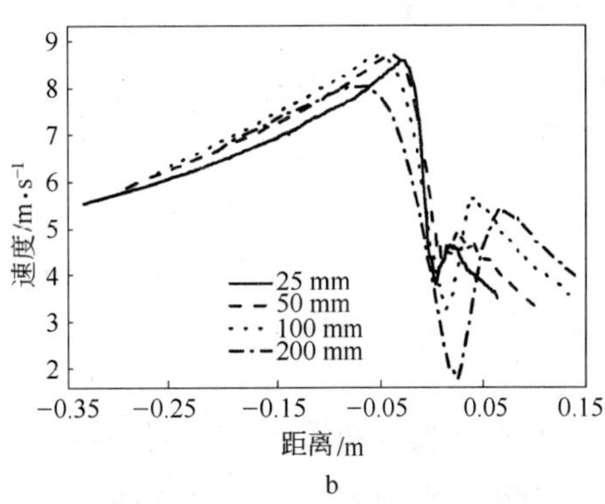

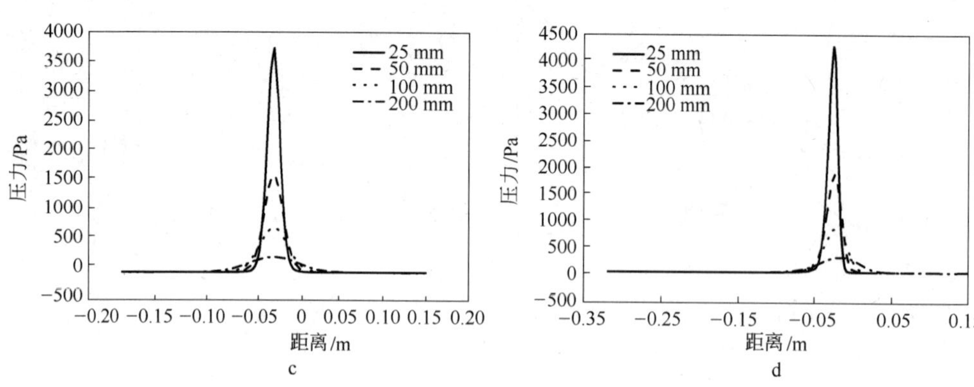

图 4-14 喷嘴高度对流体特征的影响

a—横向流速；b—纵向流速；c—横向压力；d—纵向压力

4.3.2.2 多喷嘴射流冲击流体流动规律

A 叉排与顺排条件下流体流动特性对比分析

设定射流高度 $H=20$mm，喷嘴口径 $D=5$mm，喷嘴出口速度 $V=10$m/s，排间距 $S_1=50$mm，排内喷嘴间距 $S_2=50$mm。对上述模型分别进行模拟仿真研究，截取压力、速度等值线图，如图 4-15 所示。

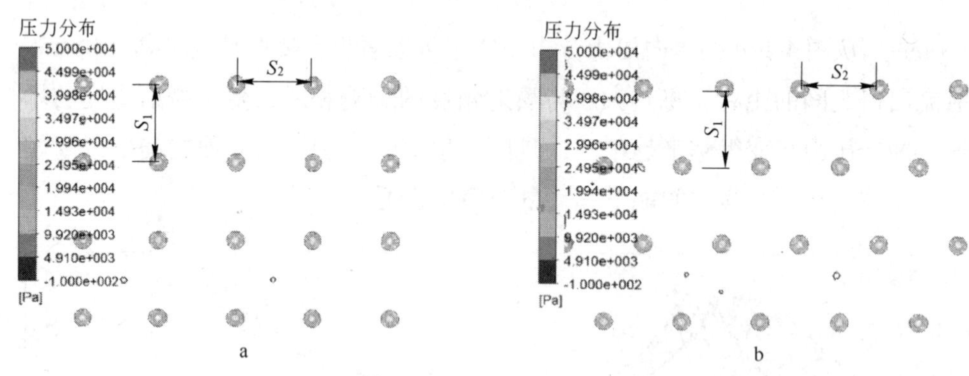

图 4-15 顺排与叉排对应底面压力分布等值线图

a—顺排；b—叉排

不同喷嘴布置形式下对应的压力峰值和底面压力大于 4000Pa 的区域（近似为圆形）直径，如表 4-3 所示。

表 4-3 不同喷嘴布置形式的底面压力峰值和对应压力区域

布置形式	压力峰值/Pa	压力作用区域直径/mm	直径/喷嘴直径
顺排	44033	11.5	2.3
叉排	44847.4	11.5	2.3

由图 4-15 和表 4-3 可知，随着顺排与叉排对应的底面上压力峰值分别为 44033Pa 和 44847.4Pa，压力作用区域基本相同。这说明喷嘴布置形式的变化并没有影响到冲击压力作用区域的大小，压力峰值也只有微弱的变化。不同排列方式速度的体积分布如图 4-16 所示。

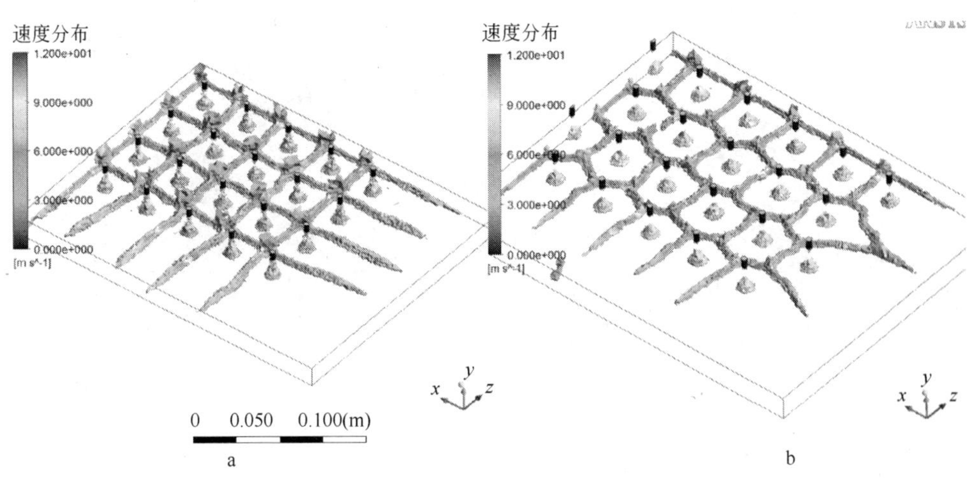

图 4-16 顺排和叉排条件下速度的体积分布图

a—顺排；b—叉排

B 排间距对流体流动特性的影响

设定射流高度 $H=20$mm，喷嘴口径 $D=5$mm，喷嘴出口速度 $V=10$m/s，排内喷嘴间距 $S_2=50$mm，排间距 S_1 取 25mm、50mm、75mm 和 100mm，对上述模型分别进行模拟仿真研究，截取压力、速度等值线图，采集模型底面上几排喷嘴位置处的压力和速度数据。不同排间距对应的速度的体积分布如图 4-17 所示。

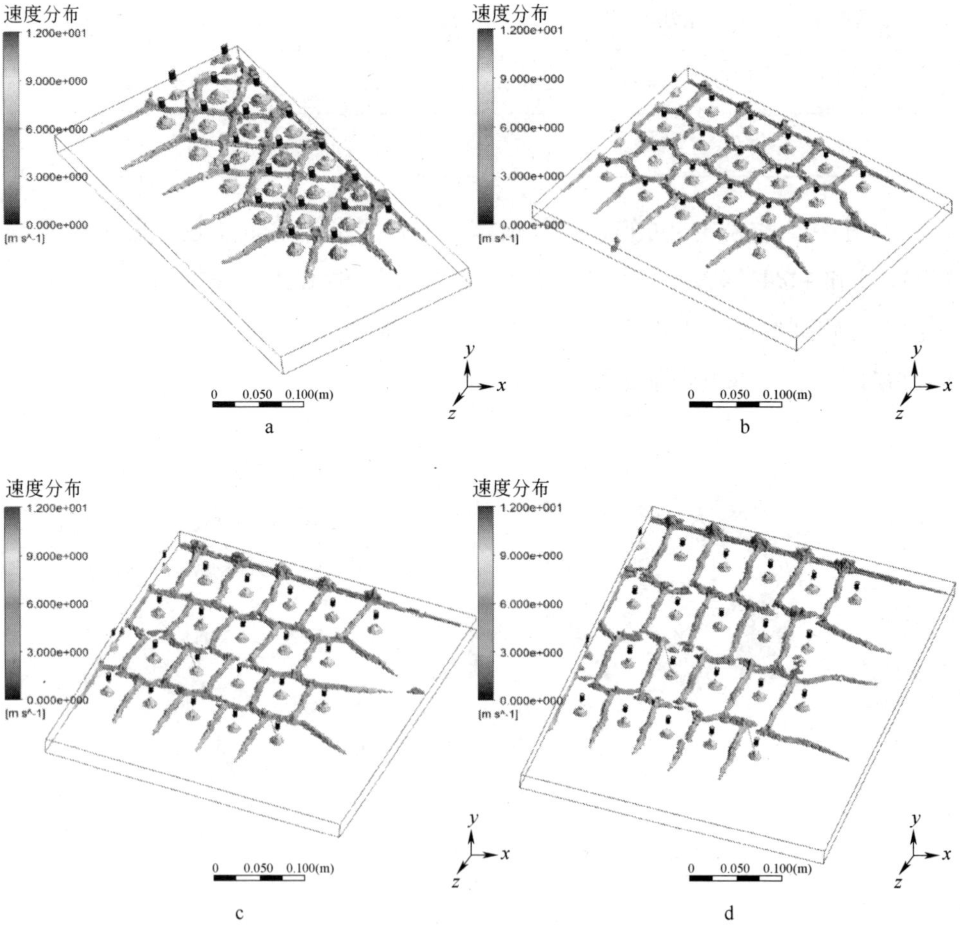

图 4-17 不同 S_1 对应的速度的体积分布图

a—$S_1 = 25$mm；b—$S_1 = 50$mm；c—$S_1 = 75$mm；d—$S_1 = 100$mm

C 倾斜顺排流体流动特性分析

设定射流高度（喷嘴中心点距底面的高度）$H = 20$mm，喷嘴口径 $D = 5$mm，喷嘴出口速度 $V = 10$m/s，排间距 $S_1 = 50$mm，喷嘴间距 $S_2 = 50$mm，倾斜角度 θ 选择 30°和 0°（垂直）。对上述模型分别进行模拟仿真研究，倾斜角度 30°时速度的体积分布如图 4-18 所示。

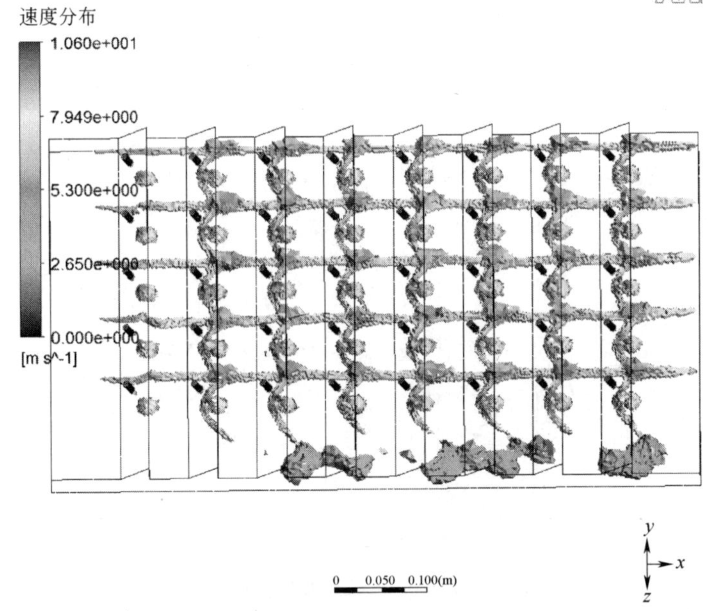

图 4-18 顺排倾斜角度 30°时速度的体积分布图

D 倾斜叉排流体流动特性分析

设定射流高度 $H=20$mm，喷嘴口径 $D=5$mm，喷嘴出口速度 $V=10$m/s，排间距 $S_1=50$mm，喷嘴间距 $S_2=50$mm，倾斜角度选择 30°和 0°（垂直）。对上述模型分别进行模拟仿真研究。叉排倾斜角度 30°时速度的体积分布如图 4-19 所示。

超快冷高密快冷集管采用了圆形倾斜射流冲击的形式，每一个集管上装备有多排小口径喷嘴，其水量可大范围无级调节，能满足不同冷却工艺的需要。现根据现场高密快冷集管的实际工作状况，对圆形倾斜射流冲击的流体运动进行模拟。如图 4-20，高密集管也采用了倾斜角度的设计，使得冷却水对钢板的垂直方向和水平方向都有冲击的效果，加速了冷却水在钢板表面的流动，提高了换热效率，同时也起到了清除表面积聚残余水的作用。

图 4-21 为射流水在钢板表面冲击的压力等值线图，与图 4-3 比较可知，冲击面积明显大于窄缝射流形式，冲击压力有所减小。这是由于与缝隙射流形成带状冲击区不同，高密集管为多排分布密集的小口径喷嘴组成，所以其

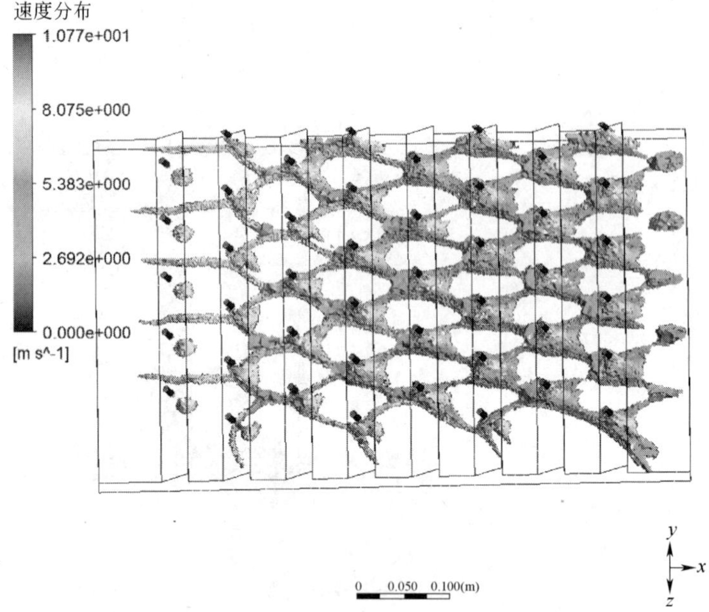

图 4-19 叉排倾斜角度 30°时速度的体积分布图

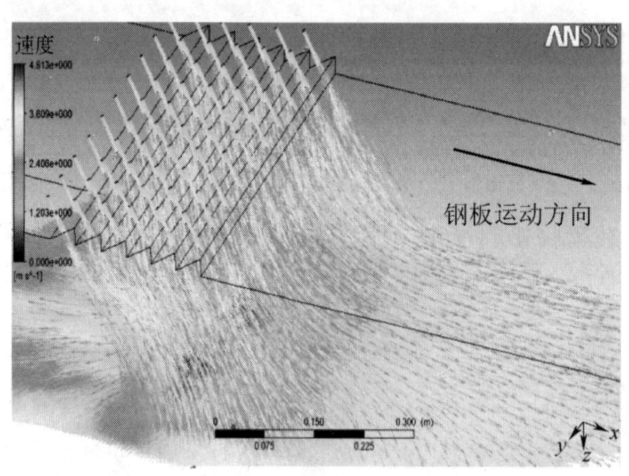

图 4-20 圆形倾斜射流冲击流体运动矢量图

冲击区域较广，大幅度增加了有效冷却面积，但同时冲击区域内的压力也相应减小。

图 4-22 为近钢板表面水流速度分布图，这里取射流方向为正，逆流方向为负。图中直角矩形框所示范围为冲击区域，两个圆角矩形框所示范围为壁

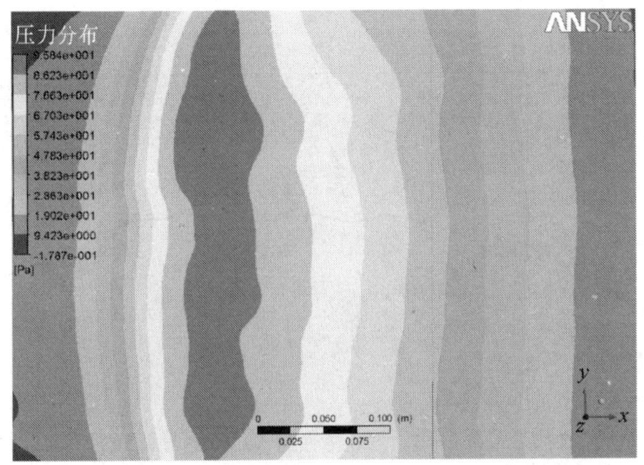

图 4-21　近钢板表面冷却冲击区压力分布

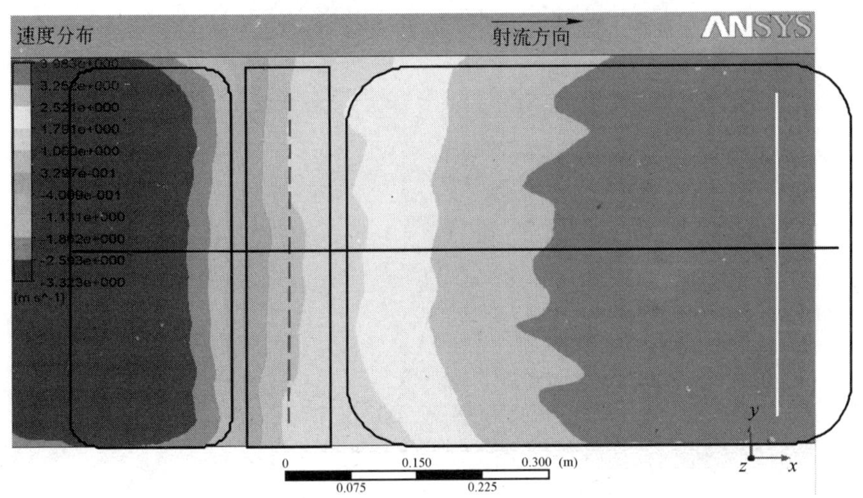

图 4-22　近钢板表面水流速度分布

面射流区域。分析近钢板表面有效冲击区横向中心线压力分布（图中虚线段）、壁面射流区内距冲击区中心线 500mm 处的横向速度分布以及（图中白色线段）钢板表面纵向中心线（图中黑色线段）上的压力和速度的分布情况。

结合图 4-21、图 4-23 和图 4-24 可知，在冲击区内，压力基本稳定在 90Pa 左右，随着横向、纵向距离的增大，压力呈减小趋势。与窄缝冷却形式相比，密排圆形小口径喷嘴的冷却水压力要小很多。这是由于流量相同的情况下，密排式的出水面积较大，相应的流速小于窄缝式，再加上上游射流水的干扰，形成一定厚度的水层，很大程度上降低了对底面的冲击压力，故密排式的冲击区压力峰值小于窄缝式。

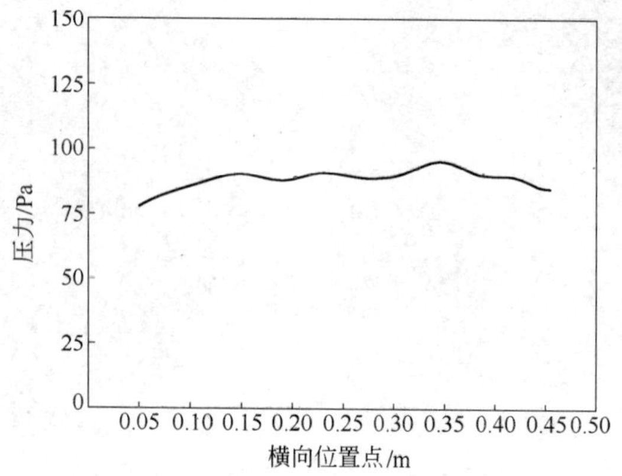

图 4-23　冲击区域横向压力分布

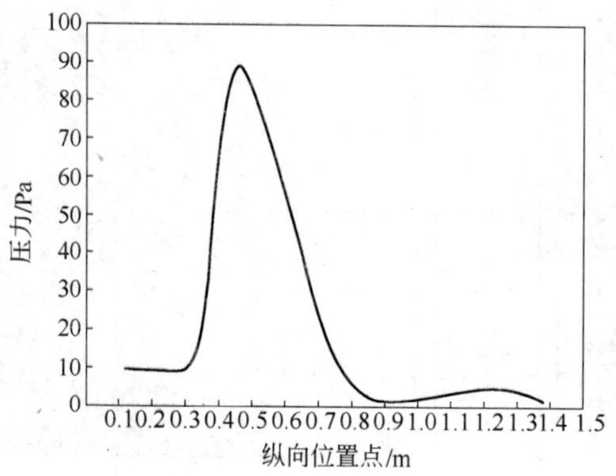

图 4-24　钢板纵向中心线上压力分布

结合图 4-23~图 4-26 可知，和窄缝射流形式类似，射流区内速度基本稳定在 3.5m/s，由于喷嘴之间相互干扰，图中流速曲线出现小范围波动。对于纵向速度分布曲线而言，流体速度呈非对称分布，射流冲击方向的流体速度大于逆射流冲击方向流体的流速，随着距冲击点的距离增大流体流速亦呈先增大后减小的变化趋势，原理与狭缝式射流相同。

图 4-27 为模拟高密集管排布方式的射流在下表面形成的流体分布情况，可以直观地看出，高密集管在宽度方向连续等间隔分布了多排小口径喷嘴，每个喷嘴都有独立的射流水柱，在钢板表面冲击点附近形成各自壁面射流区，相邻的射流区相接触汇流成边界，形成一个个近似菱形的冲击水域。

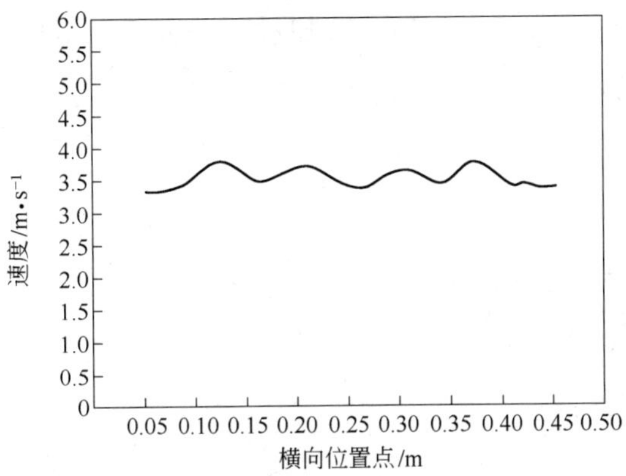

图 4-25 射流区域横向速度分布

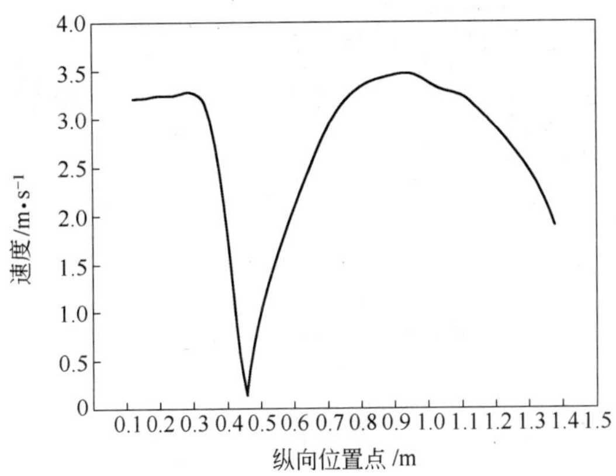

图 4-26 钢板纵向中心线上速度分布

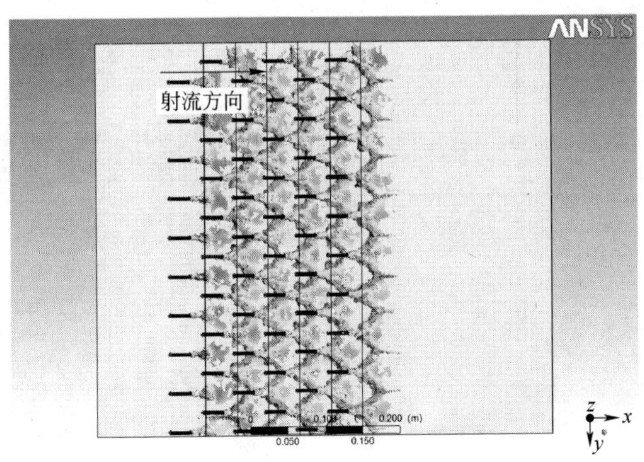

图 4-27 钢板下表面流体流动分布模拟图

由图 4-28 和图 4-29 可知，随着冷却过程的进行，钢板上表面反复经历射流冲击换热区域以及由冲刷水引起的换热区域。而由于受到重力的影响，钢板下表面则反复经历射流冲击换热区域、冲刷水换热区域、辊道与钢板接触的热传导换热区域以及相对较长的无水空冷换热区域。这需要增加下集管流量来对下表面换热能力进行补偿，为此需要进行水比（下集管流量与上集管流量之比）的控制，以补偿钢板上下表面的冷却不均匀。

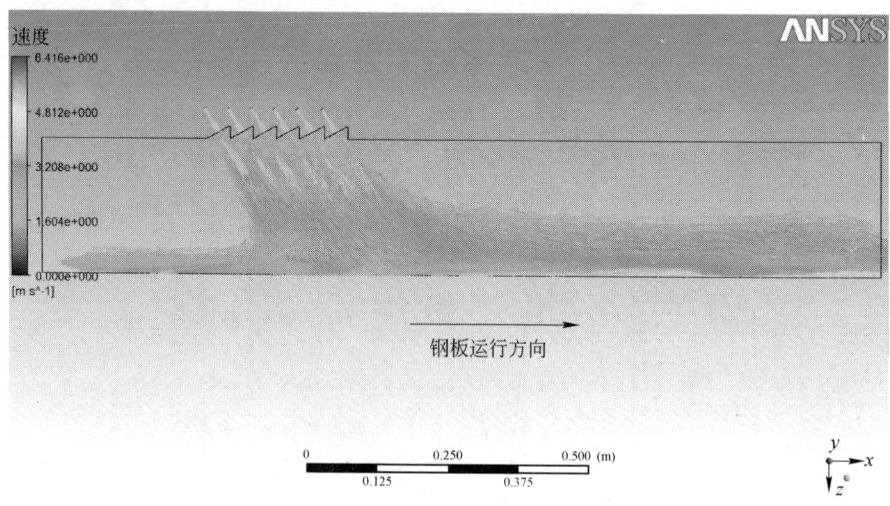

图 4-28　倾斜式上集管射流冲击流体运动状况

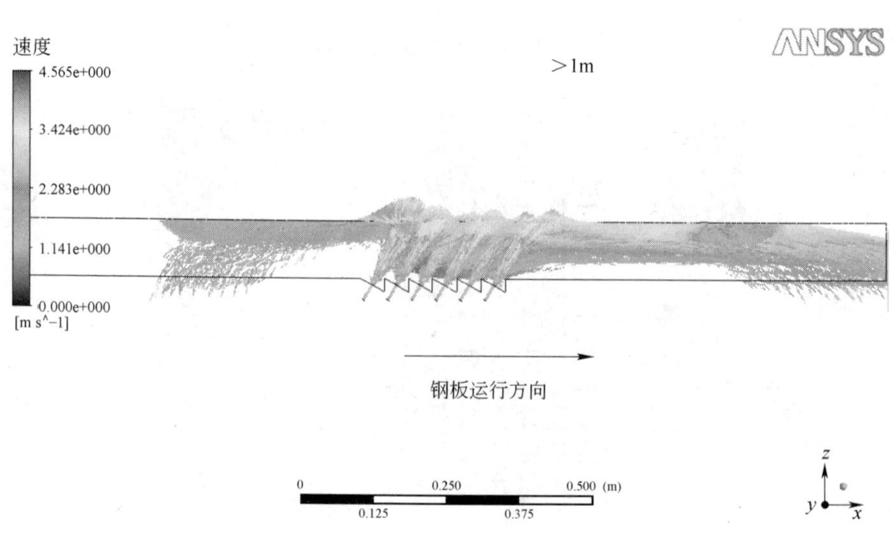

图 4-29　倾斜式下集管射流冲击流体运动状况

对流体流动规律的模拟和对喷射集管的有效设计保障了高密集管的射流效果，如图 4-30 所示为高密快冷集管的喷水实际反应效果。

图 4-30 钢板表面水流状况

4.4 超快速冷却整体装备的开发与集成

超快冷区域内集管优化配置其目的是通过喷嘴形式、喷嘴角度、喷嘴流量、中喷、侧喷、吹扫装置的合理布置以提高钢板冷却效率和改善钢板冷却均匀性。缝隙喷嘴布置于超快速冷却区的入口侧，分为上缝隙喷嘴和下缝隙喷嘴，缝隙喷嘴的开口度、喷水角度以及上缝隙喷嘴与钢板的距离可调。缝隙喷嘴具有最大的单位冷却强度，可以使钢板表面温度快速降低，在钢板内部和表面形成很大的温度梯度。高密快冷集管布置于缝隙集管之后，分为上高密快冷集管和下高密快冷集管，上下对称布置。高密快冷集管的单位冷却强度仅次于缝隙喷嘴，用于进一步降低钢板表面温度，保持钢板内部和表面的温度梯度。

4.4.1 上冷却区域内集管配置

为达到理想的冷却效果，在冷却区域内的各个集管按照特定方向布置，形成特有的“软水封”控制技术，以清除钢板表面残余冷却水，提高冷却水的换热效率，改善钢板的冷却均匀性，同时有助于超快速冷却装置与层流冷却装置之间钢板表面温度的准确测量。“软水封”技术使得钢板上表面高速流动的冷却水固定在一定的区域之内，避免钢板离开超快冷出口后冷却水对钢板上表面的二次冷却作用。

“软水封”技术的设定原则如下：

(1)“软水封”即在超快速冷却区内设置反向集管，沿水平与正向集管朝向相反地布置集管；

(2)“软水封”作用区域确定原则：1~3 组正向集管+1 组“软水封”；

(3)“软水封”流量确定原则：“软水封”集管的流量根据具体冷却工艺进行单独设定，通常情况下设定为 1/2×本区域内所有正向集管流量之和<“软水封”水量<2×本区域内所有正向集管流量之和。

如图 4-31~图 4-33 所示，通过缝隙喷嘴、高密快冷集管以及“软水封”的合理布置，冷却水被有效地控制在超快速冷却区内，避免了超快速冷却区出口钢板上表面产生大量残余水，影响钢板的冷却均匀性。同时，“软水封”将超快速冷却区划分为相对独立的冷却单元，这有效地改善了上表面冷却水的流动状态，避免集管间水流的互相干扰，提高了冷却水换热效率。

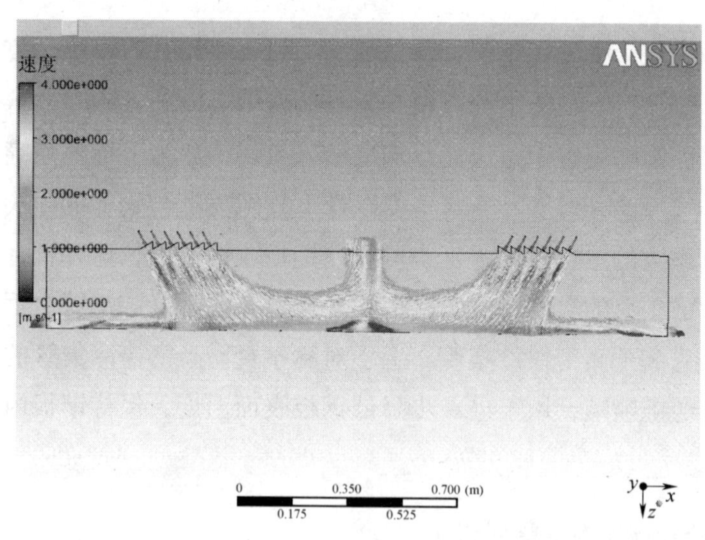

图 4-31 1vs1 集管布置方式流线图

如图 4-34 所示，在整个冷却区中，每两组集管成对射分布，正向喷射集管与钢板表面呈 $\theta°$夹角，逆向集管与钢板表面呈$-\theta°$夹角，在两组集管共同作用下，冷却区内钢板上表面与冷却水之间的换热被分为以下几个区域，A 区为射流冲击换热区域、冲刷换热区域以及积聚水换热区域；B 区为少量残余水换热区域，此区域通常设置侧喷装置以清除冷却水，减小残余水的影响。集管对称布置，将钢板表面残余水限定在一个小区域内，有效地抑制了残余

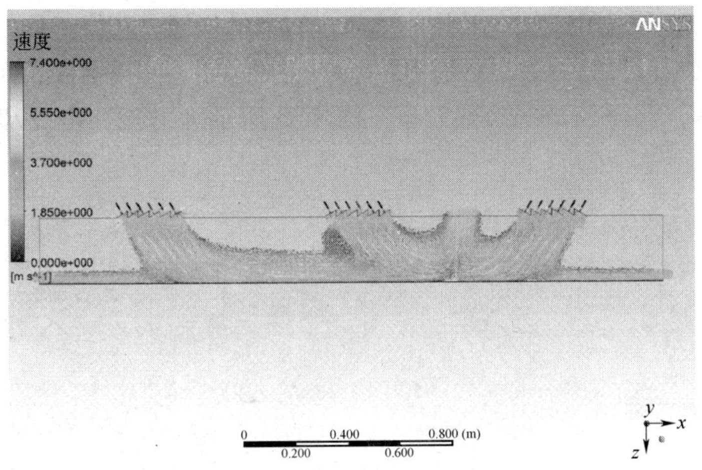

图 4-32 2vs1 集管布置方式流线图

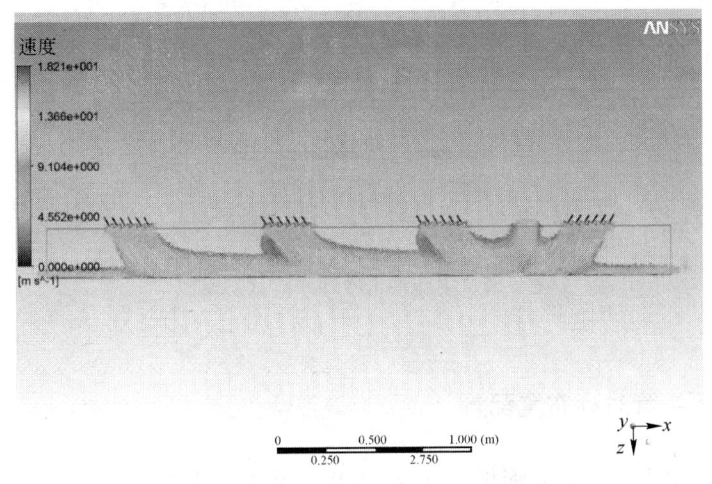

图 4-33 3vs1 集管布置方式流线图

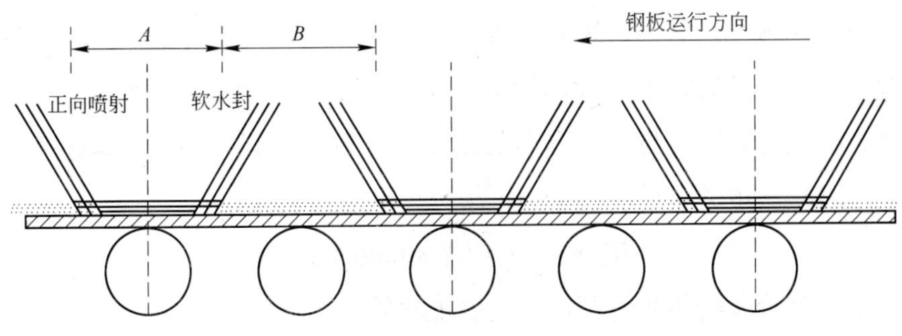

图 4-34 对称射流集管布置

水无序流动，避免了“软水封”前冷却水的大量积聚，获得了更好的冷却均匀效果。钢板依次经历 A 区域和 B 区域的交替换热，使得钢板表面能及时接触更多新水，获得较高的换热效率。图 4-35 所示为射流冲击冷却水流状态模拟。

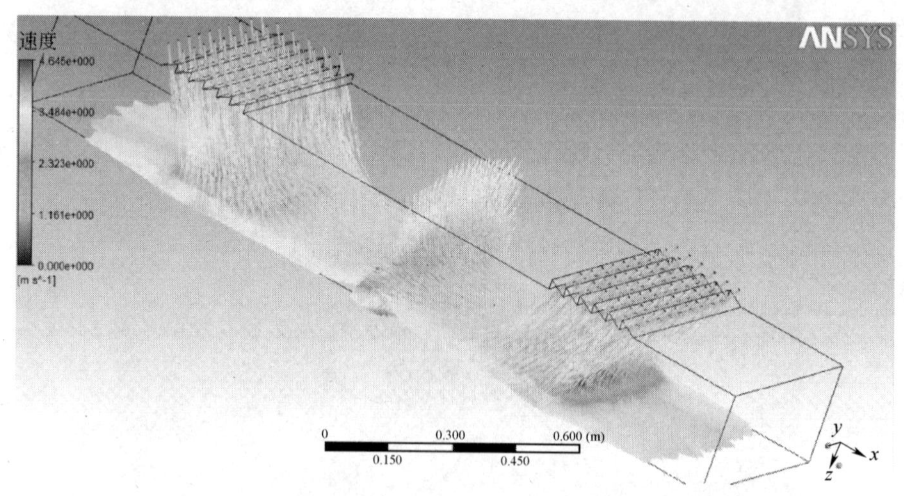

图 4-35　射流冲击冷却水流状态模拟

4.4.2　上下集管对称布置配置

为满足不同厚度规格钢板的工艺需求，超快冷上集管框架被设计成水平方向相对静止，竖直方向可通过机械丝杠和液压系统进行上、下调整。如图 4-36 所示，D 为上集管和下集管在竖直方向的中心线沿轧向的距离，H_d为下集管喷射出口距离管道上表面的距离，H_u为上集管喷射出口距离辊道上表面的距离，$\theta°$为射流冲击与竖直方向的角度。通过合理设计使得上述参数满足如式（4-24）所示的条件。

$$H_u \times \tan\theta = H_d \times \tan\theta + D \tag{4-24}$$

当对厚度为 h 的钢板进行冷却时，上集管高度 H 设定为：

$$H = H_d + h \tag{4-25}$$

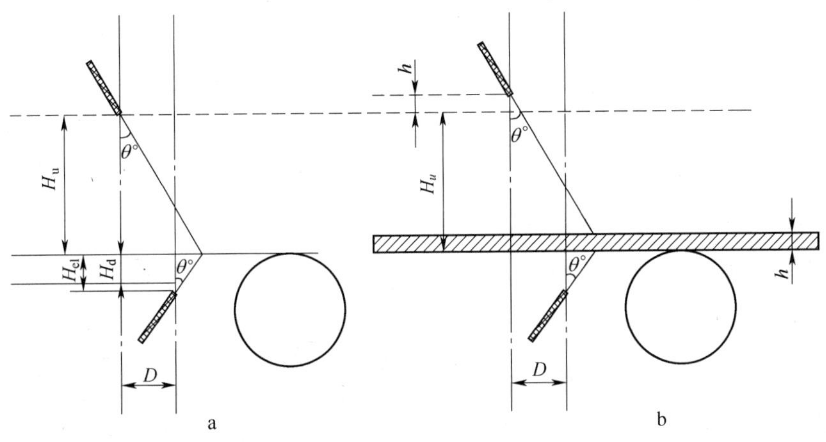

图 4-36 上框架高度调整示意图

4.4.3 挡水辊切分冷却单元

由于上集管冷却水不能被及时清除出钢板上表面，大量的冷却水顺着钢板表面溢流堆积，与钢板表面形成较为强烈的换热不均。为解决上集管残余水对其他集管冷却水所造成的影响，对钢板上表面的水流分布采用挡水辊技术进行分割，使得高速流动的冷却水固定在一定的区域之内，避免钢板离开超快冷出口后冷却水对钢板上表面的二次冷却作用。冷却区内上挡水辊与输送辊道对称布置（见图 4-37），工作时挡水辊距离钢板上表面 2~50mm，其主要作用是避免钢板上表面预激冷，阻止钢板上表面残余水的无序流动，并对冷却过程中的钢板变形起抑制作用。挡水辊能够充分发挥作用的前提是增设预矫直机装置。预矫直机安装在精轧机和钢板冷却装置之间用于减轻钢板头尾翘曲并修正板身平直度缺陷，避免由于原始板形缺陷造成的钢板冷却不均，同时也为挡水辊装置充分发挥作用提供了基本保障。

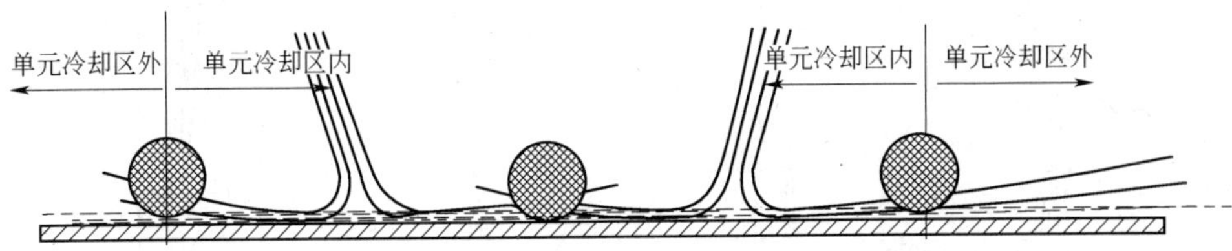

图 4-37 挡水辊布置

4.4.4 上下水量配比控制

当下集管冷却水冲击到钢板下表面后，在重力的作用下迅速回落至地沟中排出，而钢板上表面冷却水将沿钢板表面继续流动产生换热。钢板上下表面所经历的换热方式不尽相同，在同等条件下钢板上表面的换热远远大于钢板下表面的换热。为实现钢板上下表面的对称换热，需要增加下集管流量以对下表面换热能力进行补偿。而上下集管流量的比例与集管射流水流量、辊道运行速度等工艺规程参数以及钢板厚度、宽度等尺寸规格密切相关，合理的下集管与上集管水量比通常在 1∶1.1~1∶2.5 的范围之内。

4.4.5 残水控制

残余冷却水在钢板表面的无序流动，与钢板表面发生不均匀的二次换热，同时也影响检测仪表的测量精度。如图 4-38 所示，侧喷、中喷及吹扫等辅助装置被合理布置到冷却区内，用于清除钢板表面的残余冷却水，以提高冷却效率和改善冷却均匀性。在 1.2MPa 压力作用下，侧喷水以流速约 40m/s 的速度，冲击钢板上表面残余冷却水，将其清除出钢板上表面。强力吹扫装置清除范围覆盖于整个钢板表面，对于剩余的少量残余冷却水能够起到彻底清除的效果。

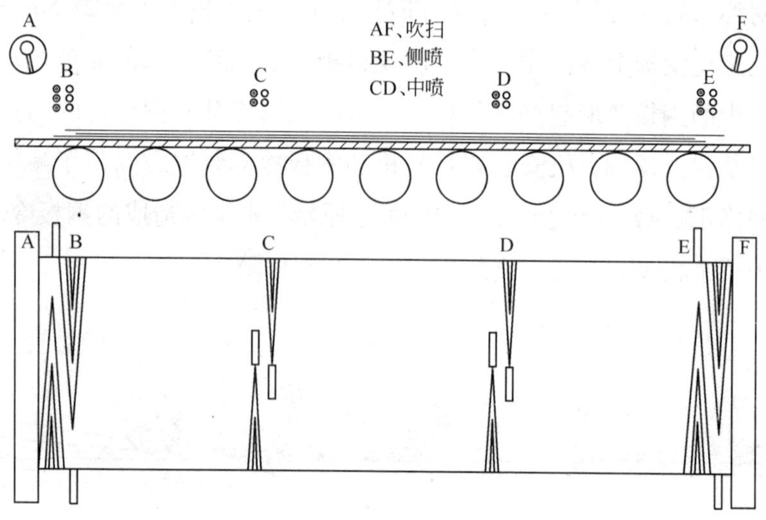

图 4-38 残余冷却水清理措施

4.4.6 液压多缸同步保护系统设计

安全性和稳定性是检验系统能否适应工业化生产重要指标。为此，超快冷装置设计了防钢板翘曲保护技术。为了避免来钢的板形不良对距离辊道面较近的超快冷上集管造成破坏性的撞击，所设计的超快冷上集管快速抬起到安全位置的功能。超快速冷却装置的上框架需要被多个液压缸快速、同步地提升。上框架在快速提升过程中，如果各液压缸之间的同步误差较大，将造成框架变形，造成设备卡阻损坏。因此，为保护设备必须保证各液压缸在提升过程中的高精度同步。为此，东北大学将多液压缸同步作为难点问题进行攻关，研制出完全可仿真超快冷框架快速提升各种工作状态的液压多缸同步模拟装置，在分析研究液压缸分布及控制回路的基础上，提出一种基于液压同步马达配合比例阀补偿的控制方案，开发出自主知识产权的液压系统同步控制技术[59]及控制系统。实际应用结果表明，快速提升平均速度达到约110mm/s，多液压缸快速提升同步控制偏差实际已小于3%。图4-39实测超快速冷却装置移动框架快速提升过程曲线。

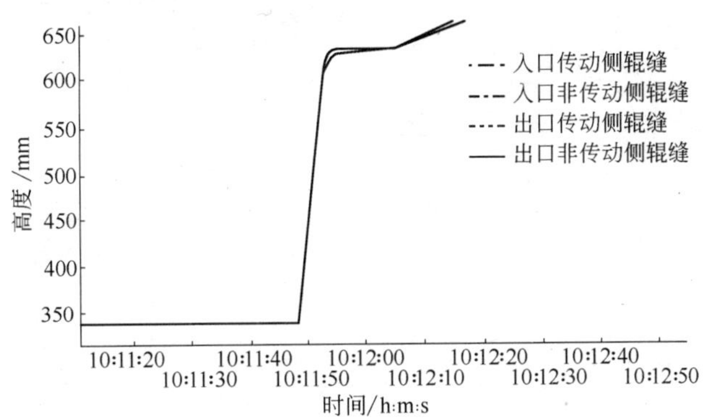

图4-39 快速提升过程实际框架位置变化曲线

4.4.7 超快速冷却装备的整体集成

在基本功能设计完成基础上，对ADCOS-PM装备进行系统集成。ADCOS-PM有效冷却长度18~24m，由倾斜布置的上下对称喷嘴组成，分为BANK A和BANK B两个分区，分别由可移动上框架，其提升机构由电动螺旋升降系统和液压快速提升系统组成，实现上框架提升及快抬保护上喷水系统功能。BANK A 区长为 8～12m，上喷嘴间设有挡水辊，工作时，挡水辊距离钢板表面 2～50mm；BANK B 区长为 10～12m，喷嘴间未设置挡水辊，工作时，喷嘴出口距离钢板表面 300mm。在线钢板进入超快冷区域时，BANK A 框架上的挡水辊和下方的辊道保持同步转动。将冷却水射流区域分隔，减弱残留水对在线淬火钢板板形的影响。超快冷各个水封、中喷及侧喷已与开启的各组集管连锁，清除钢板表面残余冷却水。

5　高精度冷却路径控制系统研发

随着高等级产品的研发，工艺要求越来越严格。针对超快速冷却系统工艺过程，开发出冷却过程在线控制应用软件，实现了冷却过程自动控制，满足中厚板产品品种繁多、生产节奏快、工艺窗口狭窄的冷却工艺控制需求。

5.1　控制系统组成

ADCOS-PM 控制系统由过程控制系统、基础自动化系统、人机界面交互系统等主体系统以及供水系统、传动系统等辅助系统组成。与之相关联的上下游流程、装备及控制系统包括轧机、预矫直机和热矫直机等。ADCOS-PM 控制系统内部采用工业以太网进行数据通讯，L2 采用 TCP/IP 协议实现与轧机 L2、MES、预矫直机 L2 的数据通讯，L1 采用 TCP/IP 和 PROFIBUS-DP 协议实现与辊道 PLC、供水系统 PLC、轧机 PLC 以及预矫直机 PLC 之间的数据通讯。

5.1.1　基础自动化控制系统

基础自动化采用 SIEMENS S7-400 PLC。PLC 系统和人机操作界面（HMI）由工业以太网连接起来，用于满足冷却过程的顺序控制、逻辑控制及设备控制功能。主要控制功能如下：

（1）数据采集和处理；

（2）集管流量曲线快速采集及流量闭环控制；

（3）供水压力曲线快速采集及压力闭环控制；

（4）钢板位置微跟踪；

（5）头尾遮蔽控制；

（6）侧喷阀开关控制；

（7）吹扫阀开关控制；

（8）高位水箱液位监视与报警；

（9）冷却设备仿真控制功能；

（10）自水冷阀控制；

（11）遮蔽宽度控制；

（12）侧喷泵控制；

（13）过程监控；

（14）故障诊断。

5.1.2 过程自动化控制系统

ADCOS-PM 过程控制系统由冷却规程预计算，冷却规程修正计算，冷却过程后计算以及自学习计算等多个功能模块组成，如图 5-1 所示，其核心是工艺过程计算模型。预计算模型根据 PDI 工艺参数，计算获得集管水量、集管组数、辊道运行速度、水比、加速度等冷却规程参数，传递于基础自动化系统执行，满足冷却速度、终冷温度、钢板温度均匀性等工艺控制需求。修正计算模型根据测量的实际温度和实测厚度对集管流量、组数、速度等参数进行修正，以获得更精确的控制效果。后计算模型将记录下钢板的整个冷却过程中的温度变化、速度变化和集管流量变化等情况，根据测量的数据比较计算终冷温度和实测终冷温度偏差，评估在钢板长度方向不同位置处的钢板表面、中心及平均冷却速率，建立不同时间的工艺数据与钢板长度方向坐标之间的关系，进行换热系数、冷却速度等核心参数的自学习计算。

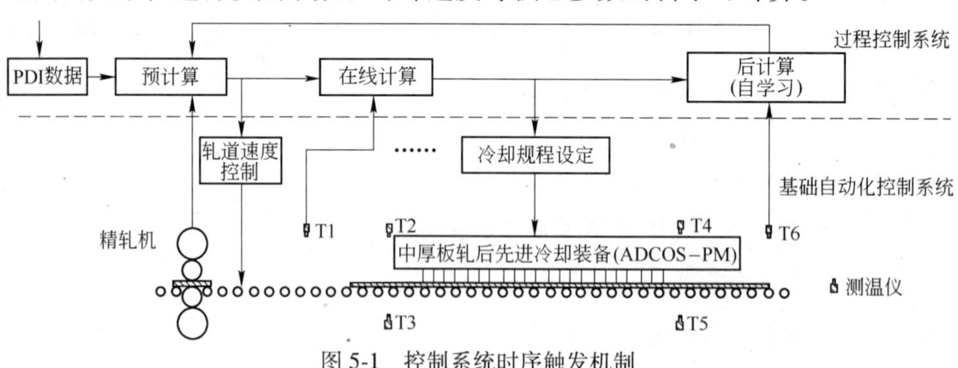

图 5-1 控制系统时序触发机制

超快速冷却系统工艺过程自动化系统用于对冷却工艺参数进行模型计算及规程设定，如图 5-2 所示为过程控制系统的主界面。

过程控制系统对冷却规程进行计算设定，减少了人工操作的工艺不稳定性，提高了产品冷却工艺的控制精度。控制系统对冷却过程全程监控，自动记

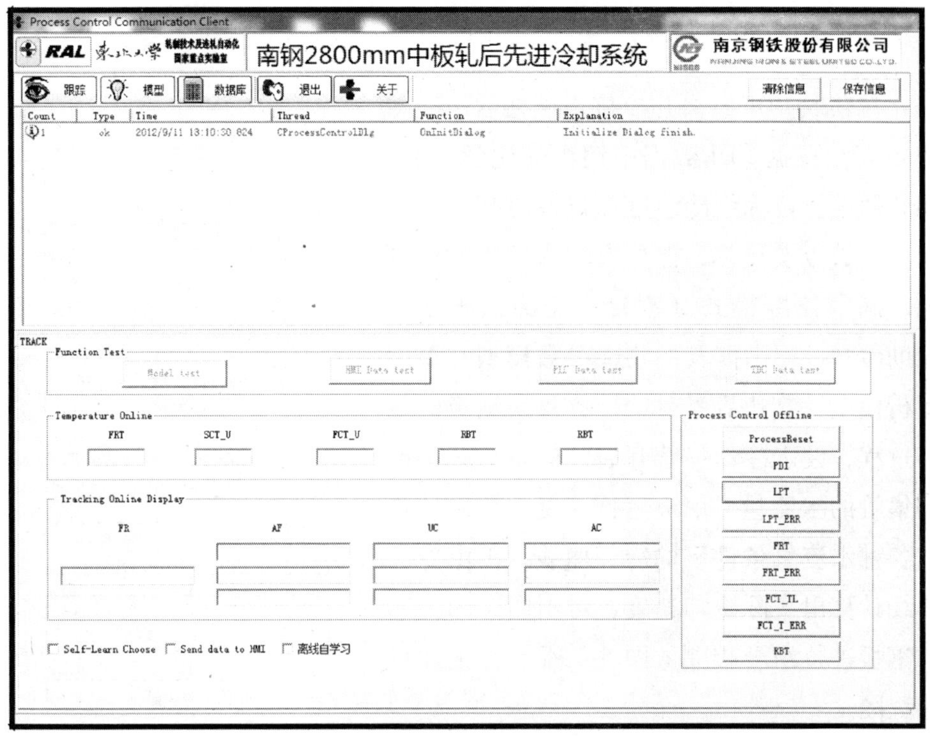

图 5-2　超快冷过程控制系统界面

录工艺数据，增强了产品质量的可追溯性，保证了产品质量。下面将过程控制系统的主要触发机制描述如下。图 5-3 所示为过程控制系统时序触发机制。

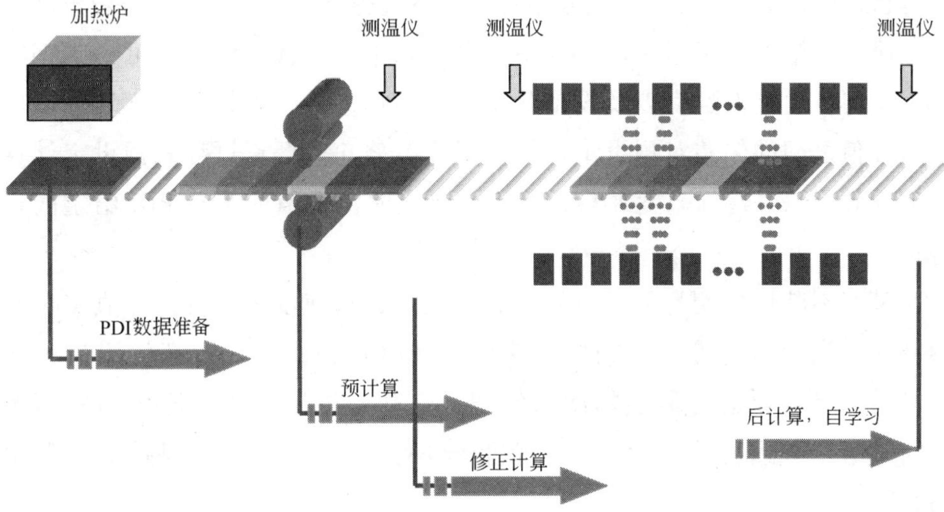

图 5-3　过程控制系统时序触发机制

5.1.2.1 预计算模块

在获取 PDI 数据并校核正确之后，冷却控制模型根据 PDI 数据中钢板的化学成分、终轧温度、目标终冷温度和目标冷却速度等工艺参数以及比热、热导率和密度等物性参数，确定控冷模式（空冷、缓冷、强冷）。借助冷却过程中涉及的物性参数模型和温度解析模型及其边界条件，计算每块钢板的冷却过程，设定冷却集管开启的数量、每个冷却集管的水流量、钢板运行速度，从而计算出各种水流量条件下的冷却曲线，再由冷却曲线计算出实际冷却速度，对不同冷却工艺的钢板进行组合控制。图 5-4 所示为预计算流程图。

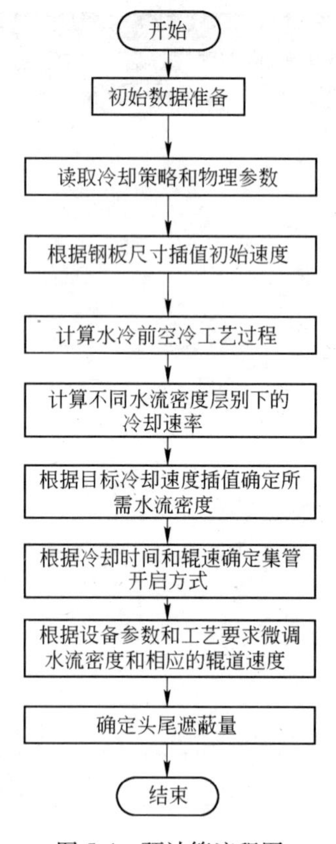

图 5-4 预计算流程图

5.1.2.2 在线计算模块

在线计算模型根据测量的实际温度、钢板运行速度、水流量分布情况分别对速度曲线进行修正。在恰当的位置和时间，将修正结果应用到冷却过程中。当精轧机末道次抛钢后，可得到钢板的实测厚度、表面温度以及设备状态参数等信息，根据终轧温度实测值以及目标值之间的偏差对预设定计算结果进行修正。计算过程和预设定计算过程一致，只是终轧温度等参数采用的是实时测量值而不是 PDI 给定的目标值。

模型不断根据测量值，重复计算钢板的运行速度，并将计算值实时发给一级自动化进行控制。钢板的速度曲线将钢板的每一段都使用最小面积的近似计算以逼近最佳的冷却时间，并联合板温的测量值与钢板速度进行逼近。该速度计算考虑了与轧制与矫直区域的辊道控制系统的限制条件。

5.1.2.3 温度场计算模块

读取 PDI 数据，根据钢的成分、尺寸、来钢温度以及冷却方式等，求得相应的热传导系数、换热系数、比热等物性参数。根据目标工艺要求，对厚度进行网格划分，计算合理步长，利用有限元差分法求解得出钢板温度场。有关温度场的计算及结果分析将在后面详述。

5.1.2.4 后计算模块

由于本系统中使用的控制模型都是一些简化的理论模型或经验模型，因而在实际使用中很难精确地描述钢板冷却过程。设定模型的计算偏差主要来自于温度的预报偏差、模型系数的精度及模型本身结构的偏差。根据测量的数据，进行评估后续钢板的修正值、比较计算终冷温度和目标终冷温度；评估在钢板长度方向不同位置处的钢板表面、心部及厚向平均冷却速度，建立不同时间的温度与钢板长度方向坐标之间的关系。

钢板冷却结束后，后计算模型将记录钢板的整个冷却过程中的温度变化、辊道速度变化和集管流量变化等情况，并根据这些数据计算出冷却速度，供自学习模型进行后续钢板的自学习。

5.1.2.5 自学习计算模块

模型参数包含一个相关的修正系数，通过计算值和实际值的比较，求得一个修正系数来对模型参数进行相应的修正。模型参数自学习分为短期自学习和长期自学习。短期自学习用于同一批号内轧件的参数修正，学习后的参数值自动替代原先的参数值，用于下一块同种轧件。长期自学习用于不同批号的同种轧件长期参数修正，学习后的参数值可以选择性地替代原先的参数值。

后计算模型的计算结果用作后续冷却钢板的自适应。评估和研究后续冷却钢板的影响参数，结合生产统计数据，处理生产评估标准（新产品自学习，并找出合适的工艺设定参数），并对生产数据分析应用和维护的各个自适应进行分类。

如果钢板的冷却已经结束，自适应功能将计算一个修正系数，该系数是一个与实际生产钢板钢种系列冷却终止温度偏差相关的函数。然后再用修正系数的平均值计算下一块同钢种系列钢板冷却时的自适应系数。这个自适应系数将用于预计算模型，以适应调整该钢种系列的冷却情况。控制冷却模型对换热系数与冷却速度进行了自学习修正，修正方法表示如下。

A 冷却速度自学习系数修正计算方法

$$\alpha_{cr} = CR_{mea}/CR_{cal} \tag{5-1}$$

式中 α_{cr} ——冷却速度自学习系数；

CR_{mea} ——冷却速度实际平均值，℃/s；

CR_{cal} ——冷却速度计算平均值，℃/s。

B 换热系数自学习系数修正计算方法

$$\alpha_{hr} = \Delta T_{mea}/\Delta T_{cal} \tag{5-2}$$

式中 α_{hr} ——换热系数自学习系数；

ΔT_{mea} ——开冷温度实测平均值与终冷温度实测平均值之差，℃；

ΔT_{cal} ——开冷温度计算平均值与终冷温度计算平均值之差，℃。

除尺寸规格、化学成分等自身因素外，换热方式、水温、水压及水量等外部因素都将影响钢板在冷却过程中的换热过程。冷却速度计算模型仅考虑了主要因素的影响，这使模型计算精度存在一定的局限性。为了提高冷却速度控制精度，控制系统采用自学习方法。自学习参数以开冷温度、终冷温度、钢板厚度、合金含量等建立层别。

模型自学习的启动是在钢板尾部出冷却区后，钢板冷却完毕后运行到冷却区后的测温仪下，根据检测到的轧件各物理段的实际终冷温度，确定是否进行自学习计算。如果实测终冷温度与目标终冷温度偏差太大（>50℃，该值在生产过程中，根据经验可随时调整），则不进行自学习处理，出现这样大的偏差认为是模型结构本身的问题非自学习所能纠正，给出严重报警信号，过程机调整模型。当温度偏差非常小时（<5℃，该值在生产过程中，根据经验可随时调整），认为模型参数适当，不必进行自学习处理。当温度偏差在5~50℃之间时，启动模型参数的自学习计算。

自学习主要模块包括换热系数自学习、上下水量比自学习等。模型参数的自学习分为短期自学习和长期自学习。

短期自学习用于轧件到轧件的参数修正，学习后的参数值自动替代原先的参数值，用于下一块同种轧件的模型计算。短期自学习主要以指数平滑法取最近冷却的十块钢板进行参数修正，主要过程如下：

$$KI(n+1) = a[10] \times KI(n) + a[9] \times KI(n-1) + \cdots + a[2] \times KI(n-8) + a[1] \times KI(n-9) \tag{5-3}$$

式中 $KI(n+1)$ ——第 $n+1$ 次参数的自学习值；

$KI(n)$ ——第 n 次参数的自学习值；

$a[i]$ ——第 i 次自学习系数的权重。

在式（5-3）中权重系数 $\alpha[i]$ 的选择可以采用时效权重法，即对最临近的数据其权重最大，时间间隔越长其权重越小。权重的选取采用如下算法：

$$a[i] = 0.5^{(10-i)} \times \left[1.0 - \min\left(1.0, \frac{t(10) - t(i)}{3600}\right)\right] \tag{5-4}$$

式（5-4）中，$\min\left(1.0, \frac{t(10) - t(i)}{3600}\right)$ 是一个求小函数，$t(i)$ 是第 i 块钢冷却的时刻。如果第 i 块钢距当前冷却钢的时间相差大于 1 个小时，则第 i 块钢的权重 a_i 为 0。当前钢的权重 a_{10} 为 1，以后各块钢权重依次递减。

长期自学习用于大量同种轧件长期参数修正，学习后的参数值可以选择性地替代原先的参数值。长期自学习采用在线方式：

$$PN = P0 + G \cdot (PM - P0) \tag{5-5}$$

式中 PN ——新参数；

$P0$ ——旧参数；

PM ——实测参数；

G ——自学习增益。

C 冷却速度的自学习方法

首先，以开冷温度、终冷温度、钢板厚度以及水流密度建立冷却速度自学习层别参数，如表 5-1 所示。

表 5-1 冷却系数自学习层别参数划分

厚度层别	开冷温度层别	终冷温度层别	水流密度层别
0(h≤10.8mm)	0(T_s≤711℃)	0(T_f≤100℃)	0(F≤1.8(L·m^{-2}·s^{-1}))
1(10.8mm<h≤12.8mm)	1(711℃<T_s≤731℃)	1(100℃<T_f≤131℃)	1(1.8(L·m^{-2}·s^{-1})<F≤5.8(L·m^{-2}·s^{-1}))
⋮	⋮	⋮	⋮
18(109.8mm<h≤119.8mm)	18(1031℃<T_s≤1051℃)	38(931℃<T_f≤951℃)	18(55.8(L·m^{-2}·s^{-1})<F≤60.8(L·m^{-2}·s^{-1}))
19(119.8mm<h)	19(1051℃<T_s)	39(951℃<T_f)	19(60.8(L·m^{-2}·s^{-1})<F)

冷却速度自学习计算模型如式（5-6）所示。

$$f_{R,\ mod}=f_{R,\ old}\times\frac{n}{n+1}+f_{R,\ cal}\times\frac{1}{n+1} \tag{5-6}$$

式中 $f_{R,\ mod}$——本次计算获得的冷却速度自学习系数；

$f_{R,\ old}$——原有冷却速度自学习系数；

$f_{R,\ cal}$——修正后的自学习系数。

以规格为 27mm × 2680mm × 13840mm 储油罐用钢 12MnNiVR 为例，其目标工艺参数如下：开冷温度为 843℃，终冷温度为 150℃，冷却速度为 20℃/s。控制系统设定的冷却规程如下：选择 ACC 冷却模式，上集管水流密度为 12.5L/(m^2·s)，下集管水流密度为 31.95L/(m^2·s)，激活冷却区长度 19.2m，钢板运行速度趋势如图 5-5 所示。控制系统计算获得的钢板厚向平均温度和冷却速度变化如图 5-6 所示。

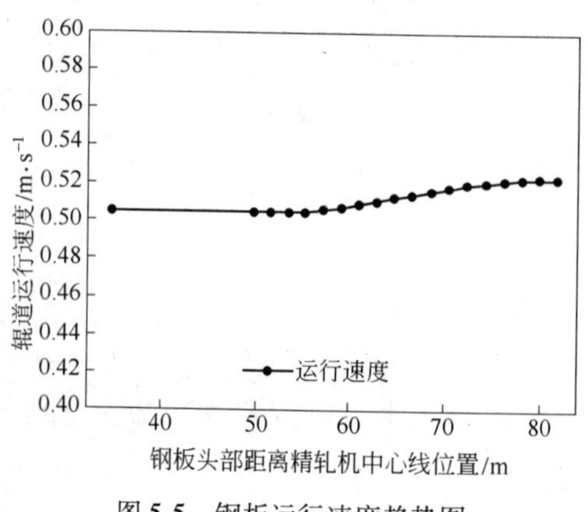

图 5-5 钢板运行速度趋势图

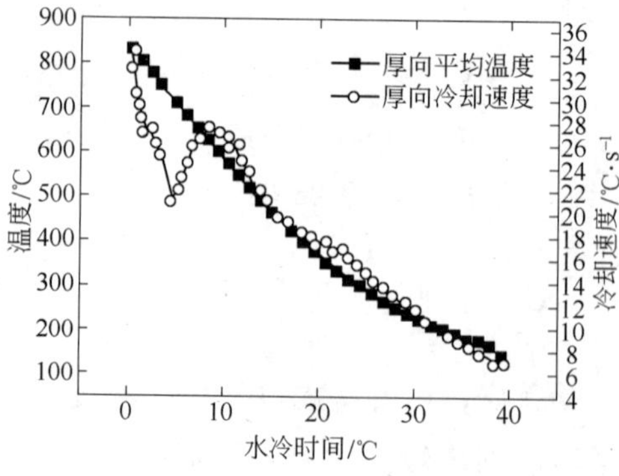

图 5-6 钢板厚向平均温度及冷却速度变化

钢板实测开冷温度和终冷温度如图 5-7 所示。由图可知，钢板实测终冷温度在距离目标终冷温度小于±25℃温度范围内波动。如图 5-8 所示，其相应的钢板纵向冷却速度在 18℃/s~20℃/s 之间波动。

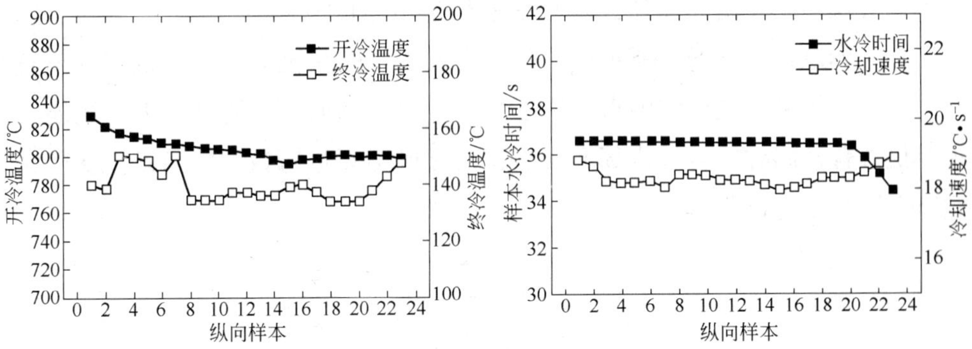

图 5-7 钢板实测温度曲线

图 5-8 钢板纵向冷却速度变化趋势

5.1.3 冷却工艺参数优化窗口

为了方便调试和日常维护工作，项目组为控制系统编制独立离线调试软件，完成离线修改参与模型计算的参数，主要包括换热系数设定、头尾特殊控制设定以及新增钢种物性参数的初始化等功能。图 5-9 所示为过程控制系统工艺维护软件操作界面。

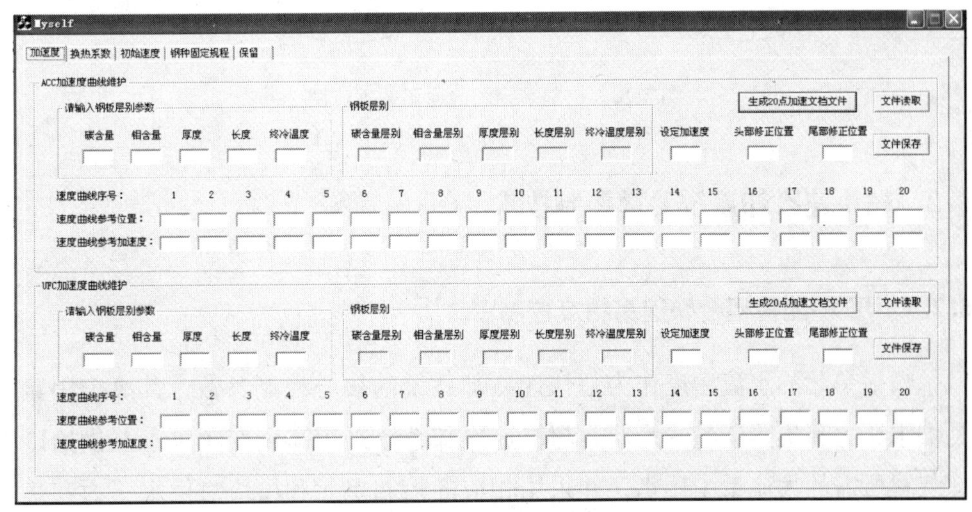

图 5-9 过程控制系统工艺维护软件操作界面

5.1.4 超快冷系统与相关系统的无缝衔接

图 5-10 为控制冷却过程内部通讯数据流图，数据通讯同样是控制过程内部数据交换的重要组成部分，其主要完成的功能如下：

在生产过程中，ADCOS-PM 系统需实现与外围系统 MES、轧机、预矫直机、冷矫直机输送辊道和供水系统之间的实时数据通讯，使整条生产线能实现有机整合。同时，ACC 内部 L1 以及 L2 之间需要进行数据的通讯，从而完成整个冷却工艺过程控制。

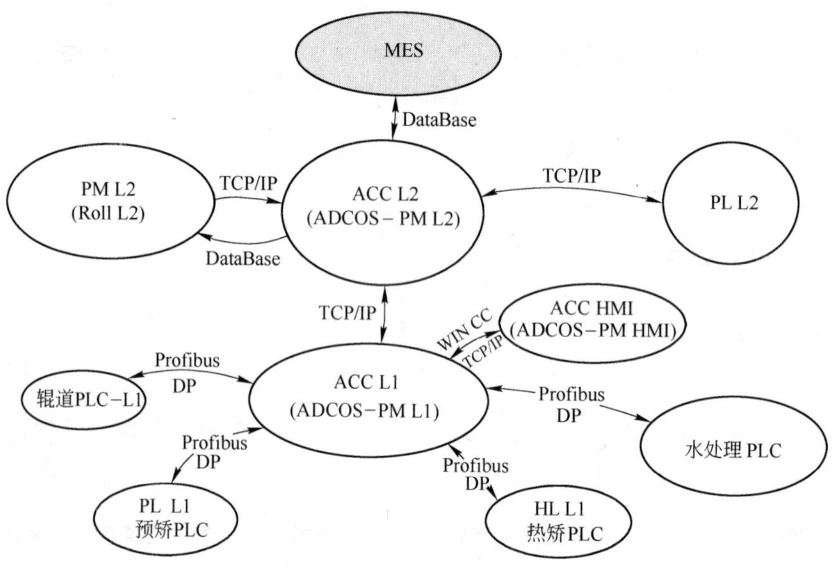

图 5-10 控制系统间的通讯数据流图

5.2 超快速冷却系统关键控制技术

5.2.1 压力-流量耦合快速高精度控制[60~63]

喷射单元的水流密度作为超快速冷却系统的核心控制参数，其决定因素是供水压力和集管流量。为此，超快速冷却系统采用高压变频供水泵供给冷却装置所需的大流量中压水，并采用相应的控制单元和模块对供水压力和集管流量进行快速高精度控制。如图 5-11 所示，超快速冷却装置的供水系统由高压变频供水泵、分流集水管、流量气动调节阀、旁通阀、流量计、温度计以及水压计等组成。供水泵提供带流量压力可调节的中压冷却水。冷却水经由供水管路进入分流集水管，经过均流后由集管供水管路分配至喷水集管，在集管内部受到阻尼装置整流、均流作用，均匀地喷射至钢板表面对钢板进行冷却。分流集水管上安装温度计和压力计，所采集到的压力和温度值将用于控制模型进行冷却规程的计算。同时，水压将用于供水系统的压力闭环控制。集管供水管路上依次布置流量计、流量调节阀，用于集管水量调节、检测和控制。

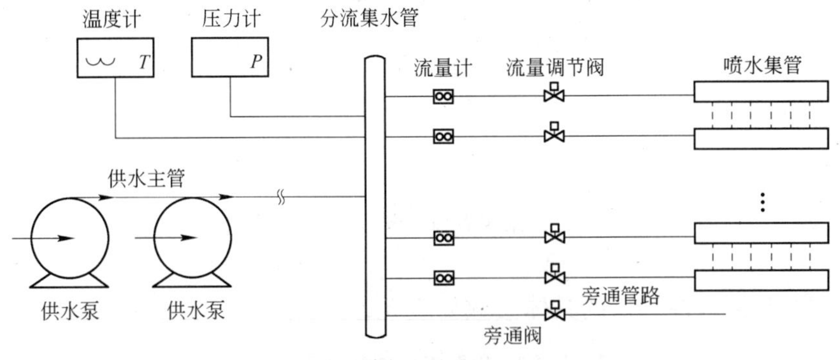

图 5-11 供水装置及集管流量控制单元

在供水压力和集管流量调节过程中二者相互影响。为了实现供水压力和集管流量的快速高精度控制，控制系统针对供水压力和集管流量进行快速高精度耦合控制，如图 5-12 所示。

首先，根据设定供水压力 P_0、设定集管流量 F_0 以及预先采集的 0.2MPa（0.5MPa）压力条件下的集管流量与阀门开口度关系曲线，进行线性插值计算，快速设定阀门开口度 U_0。同理，根据设定供水压力 P_0、设定总流量 F 以及预先采集到的 0.2MPa（0.5MPa）压力条件下的供水量与供水泵频率之间的关系曲线，进行线性插值计算，快速设定供水泵频率 V_0。当集管阀门开口度和供水泵频率达到设定值，集管流量和供水压力耦合闭环控制模块投入运行，以提高集管流量及供水压力控制精度。控制模块根据设定流量 F_0 与流量计检测到集管实际流量 F_1 之间的偏差 $e(e=F_0-F_1)$，设定阀门开口度补偿量 U'，修正调节阀开口度，从而实现对流量闭环控制。PLC 扫描设定周期为

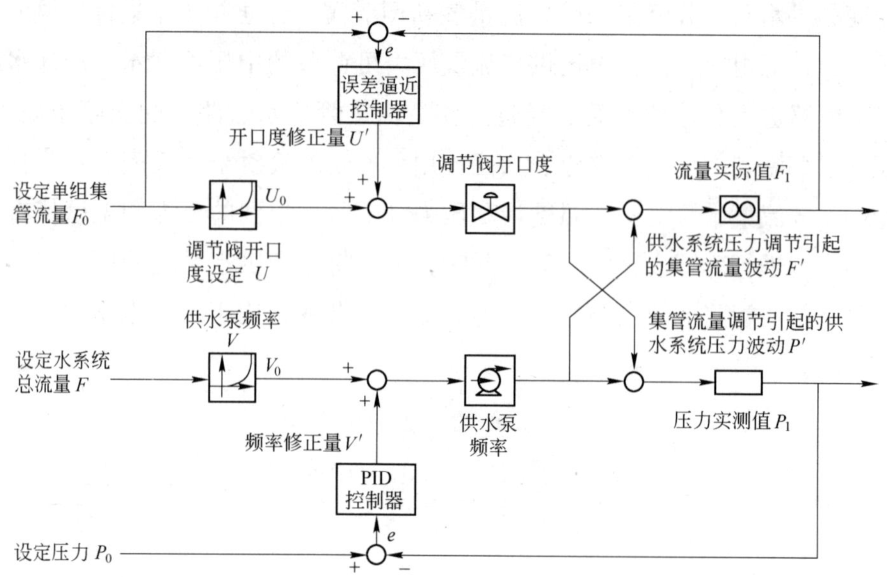

图 5-12　供水压力-集管流量耦合控制方法

100ms，误差逼近控制器的具体参数如表 5-2 所示。

表 5-2　误差逼近控制器参数

流量偏差 $e/\mathrm{m^3 \cdot h^{-1}}$	阀门开口度补偿量 $U'/\%$
0	0
$-3<e<-5$	0.05
$3<e<5$	−0.05
$-5<e<-10$	0.07
$5<e<10$	−0.07
$-10<e$	0.09
$10<e$	−0.09

同理，控制模块根据设定供水压力 P_0 与压力计检测到水系统实际压力 P_1 之间的偏差 $e(e=P_0-P_1)$，基于 PID 算法设定供水泵频率补偿量 V'，修正调节供水泵频率，从而实现对供水系统压力的闭环控制。在 PID 控制算法中，恒压变频供水系统主要分为变频器、供水电机和供水管路三个过程。

$$G(s) = G_1(s)G_2(s)G_3(s) \tag{5-7}$$

其中，变频器的传递函数可设定为一个惯性环节，传递函数表示为：

$$G_1(s) = \frac{k_1}{1 + T_1 s} \tag{5-8}$$

式中，常数 T_1 取为5；比例系数 k_1 取为3。

供水电机的传递函数表示为：

$$G_2(s) = \frac{k_d}{1 + T_d s} \tag{5-9}$$

式中，电机常数 T_d 取为0.4；常数 k_d 取为0.2。

供水管路的传递函数表示为：

$$G_3(s) = \frac{k_3}{1 + T_3 s} \cdot e^{-\tau s} \tag{5-10}$$

式中　k_3——系统总增益，取为1；

T_3——系统惯性时间常数，取为3；

τ——系统总滞后时间，取为2。

调节过程中供水系统压力变化将引起的集管流量波动 F'，其作为集管流量实测值的组成部分，在集管流量调节闭环中得到消除。同理，集管流量变化引起的供水系统压力变化 P' 也将作为压力实测值的组成部分，在供水压力调节闭环中得到消除。经控制模块反复调整实现对集管流量和供水压力的快速高精度耦合控制，满足供水系统压力精度的控制需求。

图5-13为0.2MPa压力条件下，阀门开口度、集管流量以及供水系统压力随时间的变化曲线。由图可知，流量的调节过程分为三个阶段，阀门快速开启阶段约持续2s，阀门开口度保持阶段约持续1s，集管流量及供水压力闭环调整阶段约持续6~7s。在此过程中供水压力呈先下降后上升的趋势，压力最低值达到0.153MPa。随着流量调节阀快速开启，集管流量迅速增加，而阀门开口度保持阶段是为了避免流量滞后产生严重的超调，随后在供水压力和阀门开口的共同调节下，集管流量逐步调整至目标值200±5m^3/h。集管流量快速调节的时间约为5s，达到稳定状态所需调节时间约为10s。

图5-14为0.2MPa压力条件下，供水泵频率、总流量以及供水系统压力随时间的变化曲线。由图5-14可知，供水系统压力达到目标设定值0.2±0.02MPa的时间约为10s。总流量的调节时间略滞后于单组集管的流量调节。原因在于其由多个单组集管流量叠加而成，而为了避免水锤冲击集管，其开

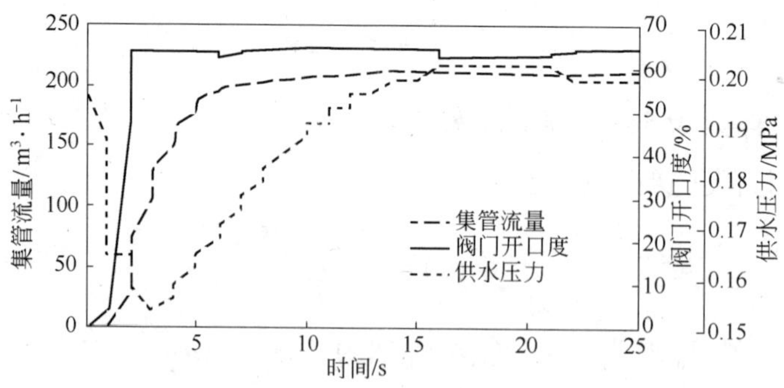

图 5-13 0.2MPa 压力下高密快冷集管流量控制曲线

启过程往往采用顺次激活的方式。而其他集管开启时引起的供水压力及总流量变化对图 5-14 中集管的流量稳定造成了冲击。

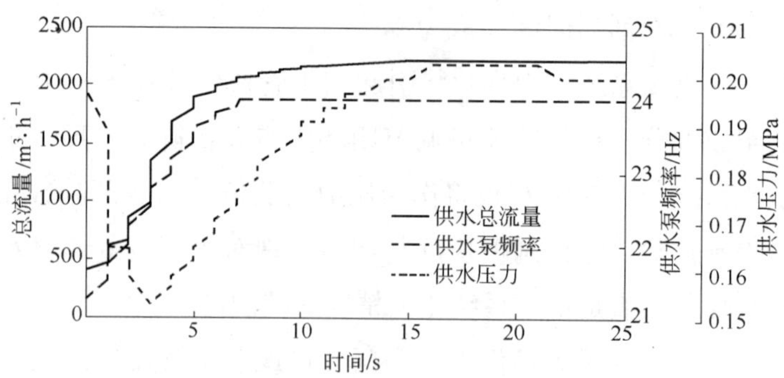

图 5-14 0.2MPa 压力下供水系统压力及总流量控制曲线

图 5-15 和图 5-16 分别为 0.5MPa 压力条件下集管流量和供水压力调节的控制曲线。分析可知，其流量和压力的调节趋势与 0.2MPa 压力条件下相似。但因为单组集管流量、总流量以及供水压力均较大，所以其达到稳定状态的时间也较长。集管流量及供水压力分别达到 $350\pm5m^3/h$ 和 $0.5\pm0.02MPa$ 的时间约为 15s。同时，供水系统压力波动范围较大，最低值达到 0.370MPa。综上采用供水压力和集管流量耦合控制方法，实现了集管流量和供水压力的快速高精度控制，能够满足中厚板产品品种繁多、生产节奏快、冷却工艺窗口狭窄的控制需求。同样利用上述方法可以实现钢板头尾低温区域的流量遮蔽控制，满足产品纵向冷却均匀性的控制需求。

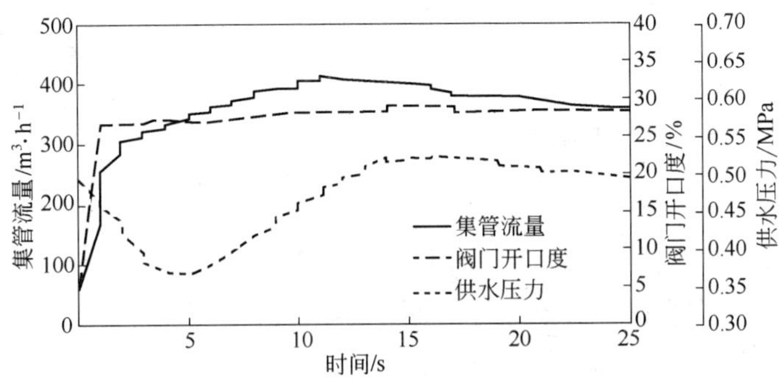

图 5-15 0.5MPa 压力下高密快冷集管流量控制曲线

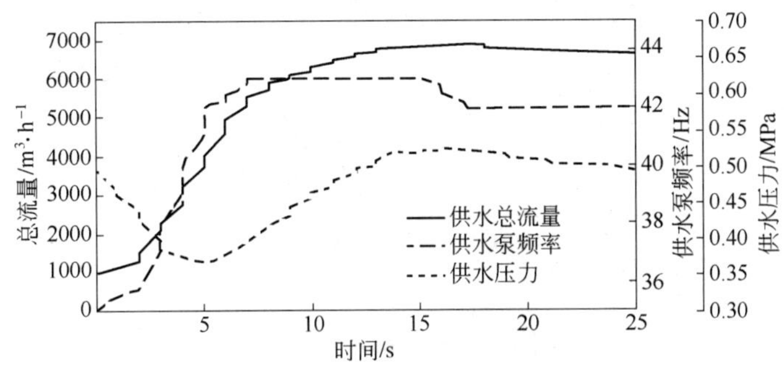

图 5-16 0.5MPa 压力下供水系统压力及总流量控制曲线

5.2.2 高精度钢板位置微跟踪技术

控冷区辊道采用单独变频传动方式，每根辊道有单独的变频器控制，之间互不影响，有效避免了变频器损坏对生产造成的影响。针对钢板长度方向上温度控制的问题，此种传动方式提供了快速的响应时间，实现了辊道速度快速变化，为钢板运行速度的灵活调整提供了有效保障。超快速冷却装置基础自动化控制系统采用了由编码器和变频装置组成的高性能闭环矢量调速系统来对钢板进行微跟踪。同时，考虑到钢板在辊道上的打滑等因素，在控冷区安装多台热金属检测仪和激光检测器，对钢板位置进行修正，保证了钢板位置微跟踪的准确性。微跟踪的控制方程建立在拉格朗日系统坐标下，利用此坐标系统可以精确地对样本进行位置跟踪。

$$v_i = v_i^0 + a \cdot (t_i - t_i^0) \tag{5-11}$$

式中 v_i^0——第 i 样本通过冷却区前热检时的线速度，m/s；

t_i^0——第 i 样本通过冷却区前热检时的时间，s；

t_i——第 i 样本的瞬时时间，s；

a——钢板加速度，m/s^2。

如图 5-17 所示为钢板的实际运行速度，对速度变量进行积分便可得到第 i 样本历经的距离即图中阴影部分的面积。

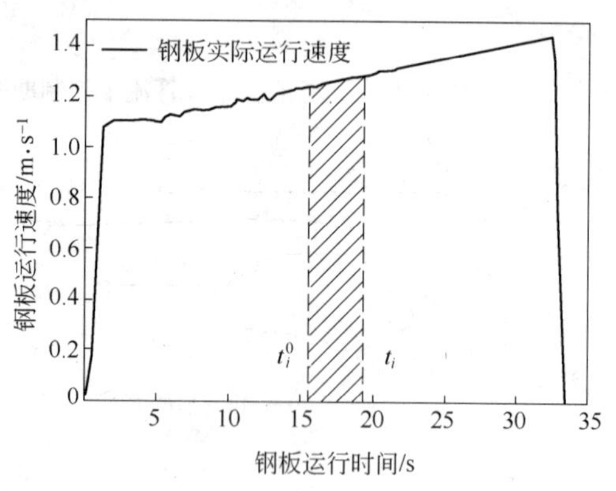

图 5-17 跟踪样本位移计算

5.2.3 纵向均匀性自动控制技术

5.2.3.1 钢板纵向样本控制技术

在轧后钢板长度方向上，存在着温度分布不均匀的现象。通常情况下，钢板头尾温度较低，中间温度较高；同时，实际生产中推钢式加热炉广泛应用，导致钢板板身存在两段温度较低的水印；此外，由于钢板从头到尾顺序进入冷却区域，板身上各点进入冷却区域时温度不同，这些因素都将造成钢板长度方向上的冷却不均匀。冷却后钢板长度方向上温差较大，必然导致钢板长度方向上的组织性能不均，严重时会导致钢板出现板形问题，影响产品板形合格率。为了保证钢板长度方向上的冷却均匀性，必须采取有效的均匀性冷却策略。为了实现钢板长度方向上的温度均匀性控制，模型将钢板在长度方向上划分为多个样本，如图 5-18 所示，在此基础上模型针对各个样本进行速度最优化计算。

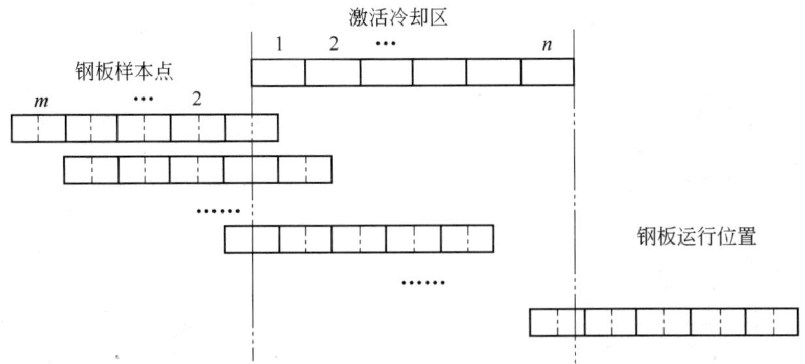

图 5-18 钢板长度方向上的样本划分

由于水印造成钢板低温或由于现场其他因素造成钢板温度波动，需要从控冷区入口开始对钢板实施分段微跟踪控制，即把钢板从头部到尾部进行物理分段，对水印及温度波动对应的区段依据测温仪测定的温度分布信号和跟踪信号采取开闭集管或调节集管水量的措施，根据目标温度偏差进行模型计算，控制变量为冷却水的水量或集管开启数目，然后对各段实施前馈控制，以消除钢板长度方向的温度波动，使对应的终冷温度和其他部分一致。图 5-19 所示为钢板物理分段示意图。

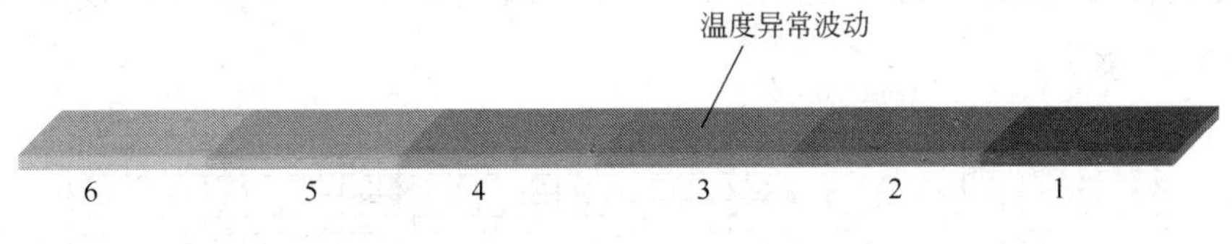

图 5-19 钢板物理分段示意图

5.2.3.2 调整辊道速度的头尾遮蔽控制

为了消除钢板进入冷却区时沿长度方向存在“头高尾低”温度分布以及钢板在推钢式加热炉中形成的水印，将钢板沿着长度方向上按照一定长度划分为若干样本，当钢板进入冷却区域之后，控制模型根据钢板纵向温度测量值以及目标终冷温度工艺要求，对每个样本建立关于速度的优化方程，获得每个样本的最优运行速度趋势。对于钢板头部和尾部存在的局部低温区，当钢板头部进入超快冷区域或者尾部离开超快冷区域时，适当增加辊道速度以减小冷却水对钢板头尾的过度冷却。控制系统设定的最优辊道速度趋势如图

5-20 所示。

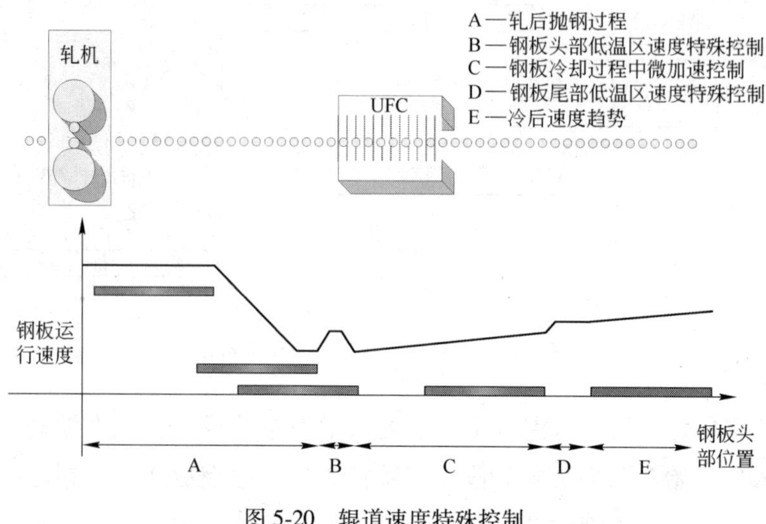

图 5-20 辊道速度特殊控制

5.2.3.3 调整喷嘴流量的头尾遮蔽控制

轧后钢板的头部和尾部往往存在低温段，ADCOS-PM 采用流量变化或集管开闭实现钢板头尾低温段的特殊控制，减小冷却水对钢板头尾的过度冷却，如图 5-21 所示。

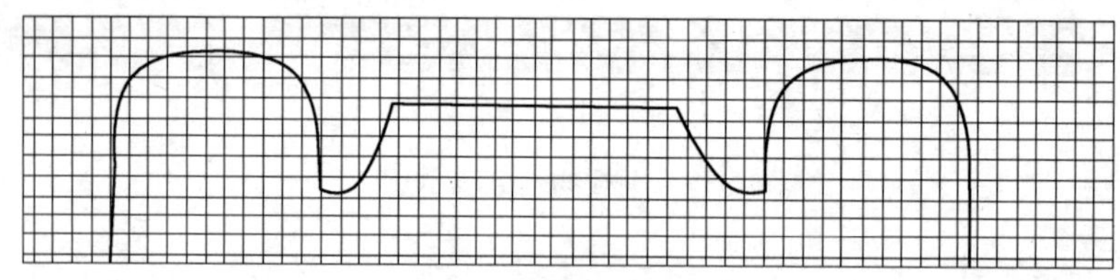

图 5-21 钢板头尾流量遮蔽控制

5.2.4 横向均匀性自动控制技术

5.2.4.1 边部遮蔽控制

在冷却过程中，钢板边部容易产生过冷现象，为实现对钢板宽度方向上的冷却均匀性，采用边部遮蔽装置对钢板边部过冷区域进行控制。最优边部遮蔽量采用下式给出的关于钢板宽度，钢板厚度以及冷却水量的函数。

$$M_B = 57 - 0.92 \times H + 12.850 \times W + 0.12 \times Q \tag{5-12}$$

式中 M_B——遮蔽量基本值，mm；

H——钢板厚度，mm；

W——钢板宽度，m；

Q——水流密度，$L/(m^2 \cdot min)$。

在此基础上，可以采用正弦模型计算各组集管的遮蔽量，以凸度形式实现集管遮蔽控制。

5.2.4.2 集管水凸度控制

在冷却过程中，钢板边部容易产生过冷现象，容易造成钢板边浪、性能不均等产品缺陷。为实现对钢板宽度方向上的冷却均匀性，对钢板边部过冷区采用水流量的凸度控制。如图 5-22 所示，通过对钢板边部水量进行大小水量的调整，实现对钢板边部冷却强度的特殊控制。

（1）当水凸度控制阀调整到 100%开口度时，边部区域与集管横向主冷区域具有相同水流密度，相当于不对钢板边部进行水凸度控制。

（2）当水凸度控制阀调整到 0%开口度时，边部区域进行水凸度控制量最大，控制阀在 0%到 100%的调整，进行水凸度控制。

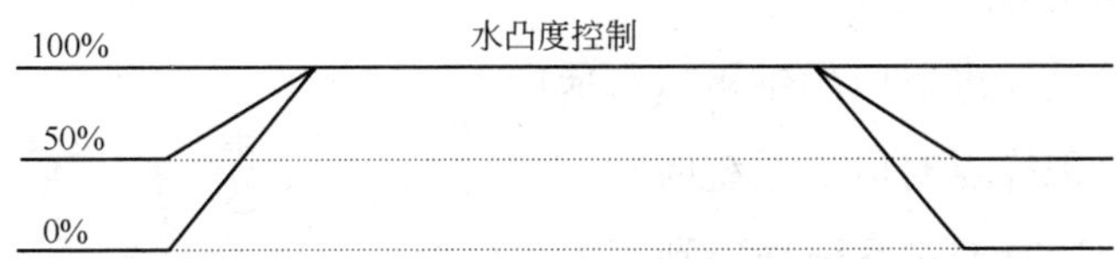

图 5-22 水凸度控制

将集管横向设计为三个内腔，中间腔与边部腔分别进行流量控制，从而实现对钢板边部过冷区域进行冷却强度调节的控制方式。

采用中间一路供水管路供水，两侧一路管路供水的设计方式，为实现对各个区域的流量进行精确控制，每一路供水管路均安装控制阀和流量计。

5.2.5 实测温度检测与处理

终轧温度、开冷温度、终冷温度和冷却速度等工艺参数直接影响钢板的金相组织、力学性能和表面质量，因此，中厚板轧后冷却过程将其作为主要目标进行控制。高温钢板温度的精确测量是冷却过程实现自动控制的前提。钢板表面温度的测量往往受到残余水、汽雾以及钢板表面氧化铁皮等多种因素的影响。对实测温度进行合理处理，从中获取控制模型进行冷却规程设定和自学习计算的有效依据，以实现过程控制系统对冷却工艺参数的高精度控制并确保冷却过程中钢板的冷却均匀性。

5.2.5.1 实测温度滤波处理

在中厚板生产线控制冷却区域内通常布置多台非接触式红外测温仪。测温仪选型以及黑度系数设定对温度测量精度有重要影响，这与钢板表面温度、钢板表面氧化程度以及测温仪的工作环境等多种因素密切相关。控制系统以钢板位置跟踪为基础，采集并建立对应钢板位置与实测温度数组。钢板位置的计算方法如式（5-13）所示。

$$p = p_0 + \sum_{i=0}^{n} \frac{1}{2}(v_i + v_{i+1}) \times (t_{i+1} - t_i) \tag{5-13}$$

式中 p_0——钢板初始位置；

i——采样点；

n——采样点总数；

v_i——采样点对应的钢板运行速度；

t_i——采样点对应的系统时间。

随着钢板运行控制系统采集到钢板表面温度如图 5-23 所示。由于受到表面残水、汽雾、氧化铁皮以及测温仪自身性能等多种因素的影响，实测温度出现较大幅度的波动，甚至出现温度测量的盲点、干扰值，通常终轧温度和终冷温度表现得较为明显。

A 实测温度工艺合理性滤波处理

目标工艺参数可用于判断实测温度的合理性。以终轧温度为例，若目标终轧温度设定为 T_{tar}，则偏差量 $T_{err} = T_{tar} \times f$ 作为衡量实测温度是否合理的判据，其中 $0 < f < 1$。如果实测终轧温度 $T_{mea,\ i}$ 与 T_{tar} 的偏差小于 T_{err}，则认为第 i 点温度采集值合理，否则认为该温度值失准。

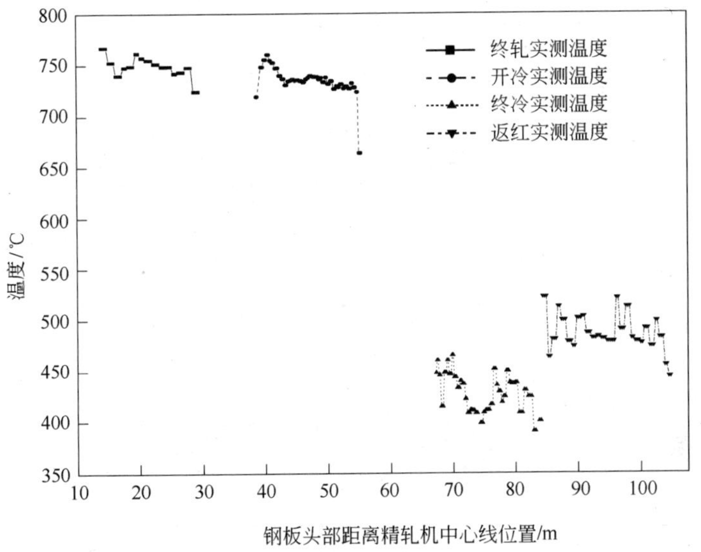

图 5-23 钢板实测表面温度

B 实测温度容错性滤波处理

针对实测温度中的测量盲点需要进行容错性的插值处理。图 5-24 为实测温度容错性处理方法。首先，判断实测温度中连续盲点的数量，如果连续盲点数量大于允许值 m，则认为有效测量温度结束；如果连续盲点数量小于等于允许值 m，则对其进行补充。图 5-25 所示为 $m=2$ 时，实测终冷温度容错性处理结果。由图可知，连续盲点数量小于等于 2 时，该算法对温度值进行了有效补充；连续盲点数量大于 2 时，该算法对温度值未做处理。

C 跟踪位置偏差修正及温度滤波处理

为了消除辊道打滑等引起的钢板跟踪误差对模型计算产生的影响，控制系统以钢板跟踪位置校正温度测量值的合理性。首先，确定各个测温仪处的位置跟踪偏差。其次，根据位置偏差对数组中的钢板位置进行修正。最后，以跟踪位置为基础对测量区域以外的温度值进行清零处理。图 5-26 所示为处理前后钢板跟踪位置对应的终冷温度分布情况。

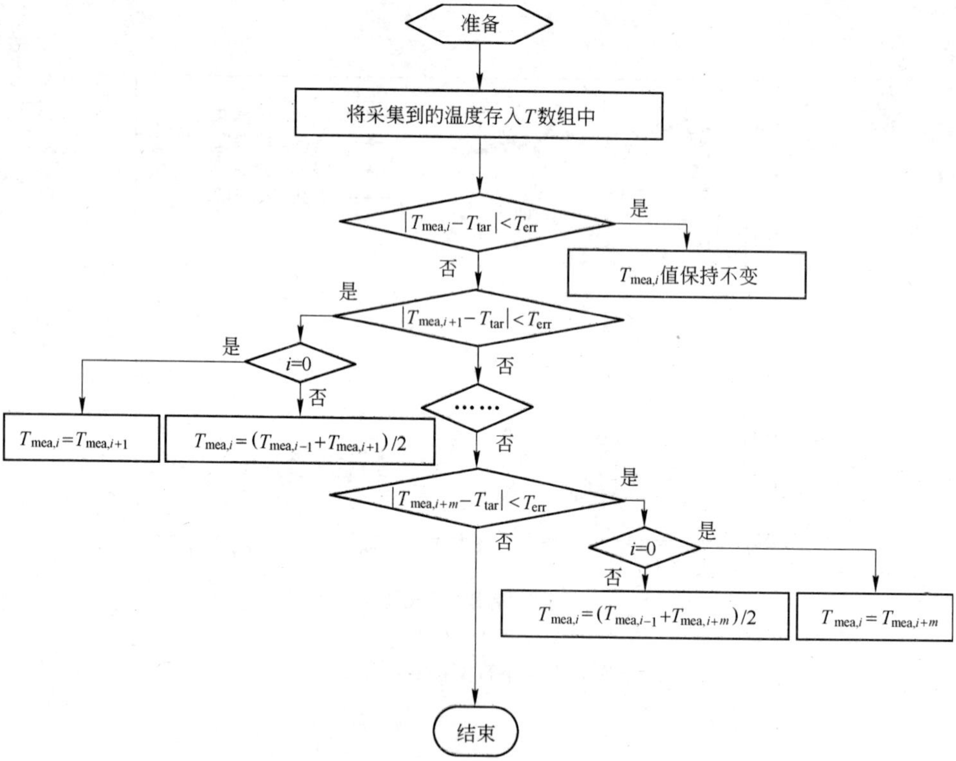

准备
将采集到的温度存入T数组中
$|T_{mea,i}-T_{tar}|<T_{err}$
是
$T_{mea,i}$值保持不变
否
$|T_{mea,i+1}-T_{tar}|<T_{err}$
是
i=0
是
否
$T_{mea,i}=T_{mea,i+1}$
$T_{mea,i}=(T_{mea,i-1}+T_{mea,i+1})/2$
否
……
否
$|T_{mea,i+m}-T_{tar}|<T_{err}$
是
i=0
是
否
$T_{mea,i}=(T_{mea,i-1}+T_{mea,i+m})/2$
$T_{mea,i}=T_{mea,i+m}$
否
结束

图 5-24 实测温度容错性处理方法

800
600
400
200
0
−200
温度/℃
65
70
75
80
85
90
钢板头部距离精轧机中心线位置/m
修正前终冷温度
修正后终冷温度

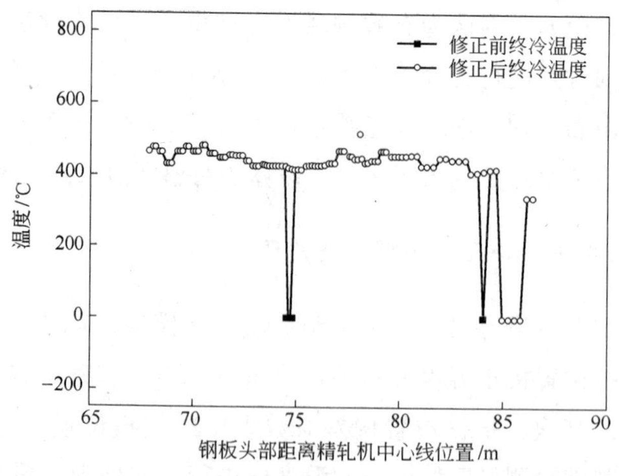

图 5-25 实测终冷温度数组容错性处理结果

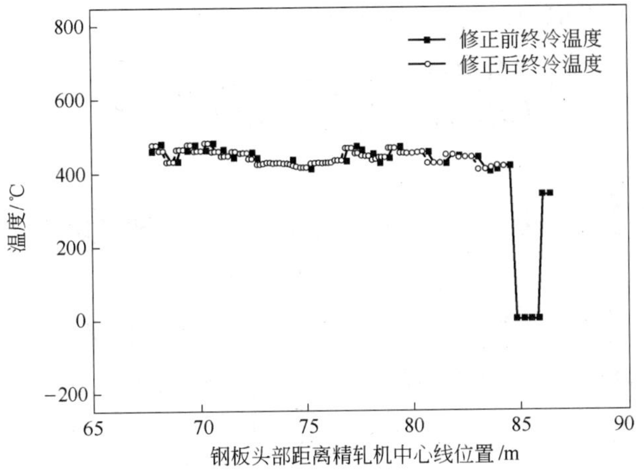

图 5-26　跟踪位置偏差修正及温度滤波处理

5.2.5.2　实测温度的曲线拟合分析

为了沿钢板纵向实测温度分布趋势，控制模型采用最小二乘法对实测温度进行曲线拟合。对于位置数组为 p_0、p_1、…、p_m，温度数组为 T_0、T_1、…、T_m，假设温度是关于位置的 n 次曲线函数 $\varphi(p) = a_0\varphi_0(p) + a_1\varphi_1(p) + \cdots + a_n\varphi_n(p)$。为防止程序运算中产生超限，对位置参数进行归一化处理：

$\varphi_0(p) = \left(\frac{p - p_0}{p_{n-1} - p_0}\right)^0$、$\varphi_1(p) = \left(\frac{p - p_0}{p_{n-1} - p_0}\right)^1$、…、$\varphi_n(p) = \left(\frac{p - p_0}{p_{n-1} - p_0}\right)^n$，权函数 $\rho(p_i) = \frac{1}{n^2}$。引入向量 $\varphi_j = (\varphi_j(p_0), \varphi_j(p_1), \cdots, \varphi_j(p_m))^{\mathrm{T}}$，$j = 0, 1, 2, \cdots, n$；向量 $f = (T_0, T_1, T_2, \cdots, T_m)^{\mathrm{T}}$，设第 i 节点处的误差 $\delta_i = \varphi(p_i) - T_i$，则误差向量 $\boldsymbol{\delta} = (\delta_0, \delta_1, \cdots, \delta_m)^{\mathrm{T}}$，为了使曲线尽可能逼近离散数据，则需要满足：$\frac{\partial G}{\partial a_k} = \frac{\partial \|\boldsymbol{\delta}\|_2^2}{\partial a_k} = 0$，$k = 0, 1, 2, \cdots, n$，即：

$$\sum_{j=0}^{n} (\varphi_j, \varphi_k) \times a_j = (f, \varphi_k) \quad k = 0, 1, \cdots, n \tag{5-14}$$

将式（5-14）表示为矩阵形式，由于此矩阵为正定矩阵，其唯一解可表示为：

$$a_k^* = (f, \varphi_k)/(\varphi_k, \varphi_k) \quad k = 0, 1, 2, \cdots, n \tag{5-15}$$

则拟合曲线表示为：

$$\varphi^*(p)=\frac{(f,\ \varphi_0)}{(\varphi_0,\ \varphi_0)}+\frac{(f,\ \varphi_1)}{(\varphi_1,\ \varphi_1)}\times\left(\frac{p-p_0}{p_{n-1}-p_0}\right)+\cdots+\frac{(f,\ \varphi_n)}{(\varphi_n,\ \varphi_n)}\times\left(\frac{p-p_0}{p_{n-1}-p_0}\right)^n \tag{5-16}$$

对钢板纵向实测返红温度分别进行零次、一次和二次线性拟合，拟合结果如图 5-27 所示。利用一次拟合曲线对钢板纵向冷却均匀性和头尾遮蔽控制结果进行评估，如图 5-28 所示钢板 90%以上的温度被控制在±25℃之内。该曲线斜率为-0. 66℃/m 表明钢板返红温度由头部到尾部呈下降趋势，该值将用于模型对钢板加速度进行自学习修正；钢板尾部实测温度距离目标返红温度的偏差为-28. 8℃表明钢板尾部过冷，需要对钢板尾部遮蔽量进行调整。

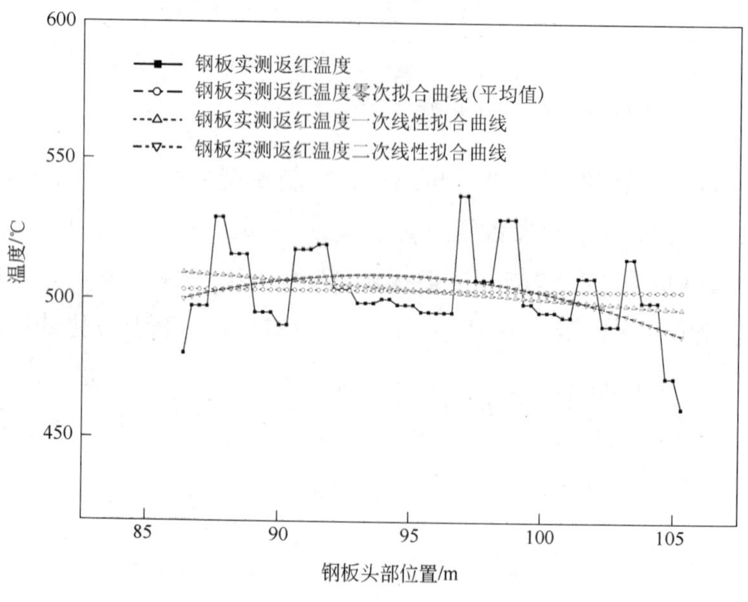

图 5-27 实测返红温度拟合曲线

5.2.5.3 实测温度样本化处理

将长度为 l 的钢板沿纵向以 Δl 划分为 n 个样本，首先确定第 S_1 个样本上的温度点 $T_{S,\,1}$ 所在的位置 $p_{S,\,1}$。在此基础上，以 ΔL 为步长依次确定出 $T_{S,2}\cdots T_{S,\,j}\cdots T_{S,\,n}$ 所对应的位置 $p_{S,\,2}\cdots p_{S,\,j}\cdots p_{S,\,n}$，如图 5-29 所示。由图可知，$p_{S,\,j}$ 介于 p_i 与 p_{i+1} 之间，利用线性插值方法可以求解第 j 样本的温度值

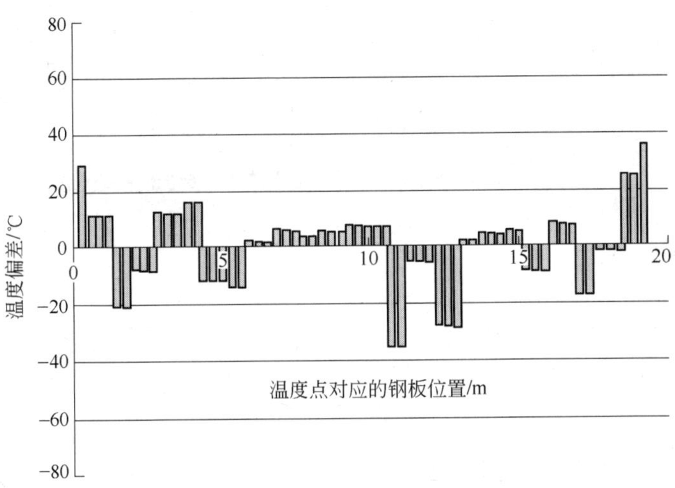

图 5-28 实测返红温度与一次线性拟合曲线之差

$T_{S,\,j}$，如式（5-17）所示。计算获得的钢板各个样本对应的终轧温度、开冷温度、终冷温度、返红温度值如图 5-30 所示。这些温度数据将用于控制系统进行冷却工艺参数的预设定控制以及针对每个样本的终冷温度和冷却速度自学习计算，从而满足模型进行终冷温度和冷却速度高精度控制的需要。

$$\begin{cases} r_1 = (p_{S,\,j} - p_i)/(p_{i+1} - p_i) \\ r_2 = 1 - r_1 \\ T_{S,\,j} = r_1 \times T_{i+1} + r_2 \times T_i \end{cases} \tag{5-17}$$

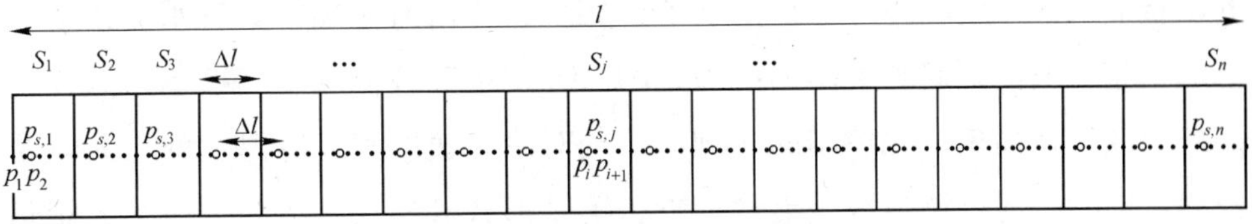

图 5-29 钢板纵向样本温度处理方法

5.2.6 冷却路径控制

轧后冷却过程是奥氏体分解为铁素体、珠光体、贝氏体、马氏体等组织的相变过程。以超快速冷却为核心的新一代 TMCP 技术的相变强化、细晶强化和析出强化作用得到进一步增强。前段超快速冷却与后段加速冷却相结合

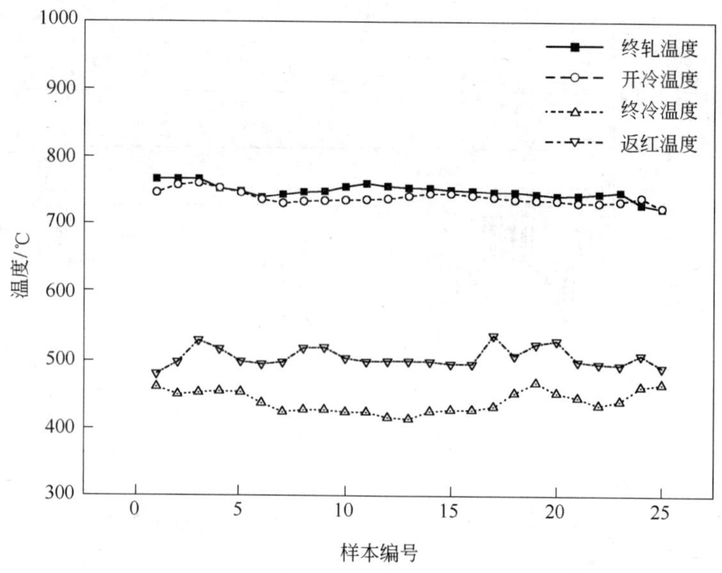

图 5-30 钢板纵向样本温度分布

的超快速冷却装置可满足前段超快速冷却和后段加速冷却多级冷却工艺控制的需求。通过充分发挥布置在输出辊道上各种冷却设备的技术特点，综合利用不同的冷却方式，充分发挥各种强化机制的作用，在实现冷却均匀性的同时，满足产品最终组织性能的控制要求。

由新型轧后冷却装备取代超快速冷却装置与层流冷却装置简单联合布置的设备形式并未削弱冷却系统的功能，相反，凭借射流集管具有水流密度大范围调整及灵活开启和关闭的能力，ADCOS-PM 突破传统冷却控制系统仅对终冷温度进行简单一元控制的瓶颈，实现对冷却速度和终冷温度的二元耦合控制。同时，通过调整激活集管位置、集管形式和组态、流量、压力、辊道运行速度等参数，在实现 ACC/UFC/DQ 等基本功能的同时，实现了灵活的冷却路径控制，从而满足更多产品进行柔性化冷却工艺生产的需求。如图 5-31 所示为中厚板轧后多级冷却工艺控制示意图。

冷却速度是阶段温度控制的关键，控制系统根据轧件厚度、温度的不同，利用冷却方式、集管形式、集管水流密度以及集管交错排布来大范围调整冷却速度，实现冷却速度的全范围高精度调整。图 5-32 中曲线的斜率表示冷却速度。射流冲击冷却换热和层流冷却换热的选择，缝隙喷嘴和高密快冷集管

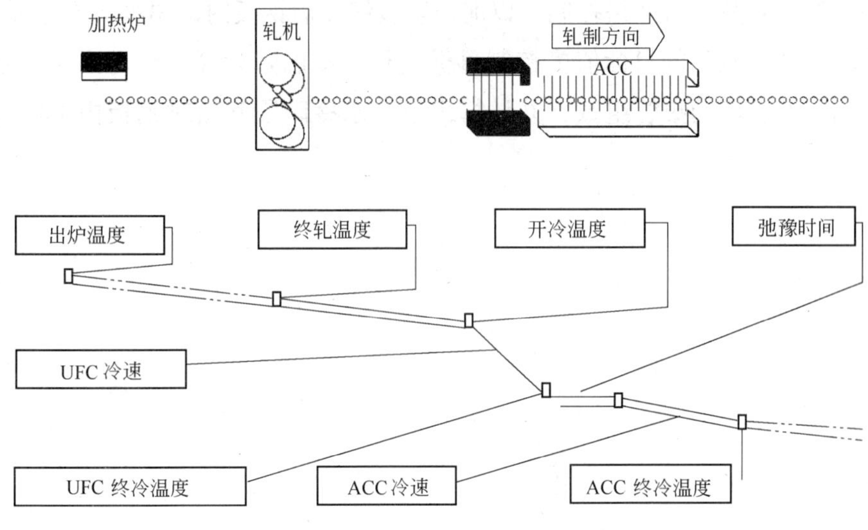

图 5-31 冷却路径工艺控制图

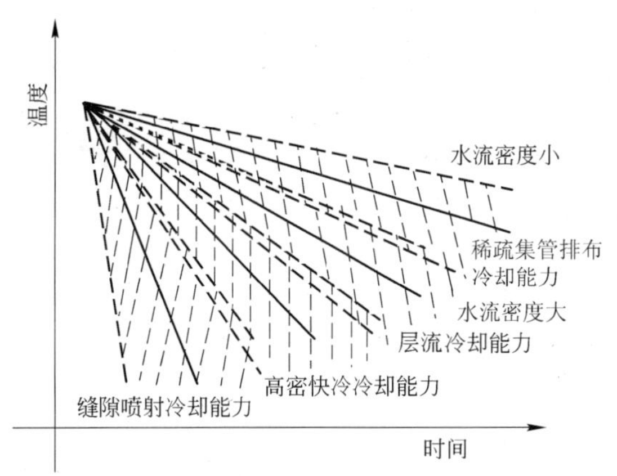

图 5-32 冷却速度与集管形式以及水流密度的关系

的选择，集管流量的大范围连续化调整以及激活集管的交错排布，保障了冷却速度的调整范围和控制精度。在此基础上，控制系统根据实际瞬时冷却速度和阶段目标终冷温度要求，确定冷却区长度，从而确定激活集管的组数。

水冷阶段之间的空冷温降不大，但能够促使微观粒子长大和均匀化，对产品的最终组织性能的作用不容忽视。同时，空冷可以保证轧件在宏观上的温度均匀性，避免出现局部过冷造成内部残余应力。因此，阶段间的空冷需要控制系统对其进行严格控制。以前一阶段终冷后钢板内部温度分布为基础，以阶段间弛豫时间的目标值为控制目标进行空冷温降计算，确定出两个水冷阶段间空冷阶段的集管组数，并计算出下一水冷阶段开始时钢板内部的温度分布。

6 冷却工艺策略及温度场分析

6.1 各冷却工艺参数下温度场模拟分析

中厚板在超快速冷却过程中，冷却工艺参数的选择对钢板内部温度变化情况和冷却后钢板的组织性能、板形都有重要的影响。影响超快速冷却过程温度场的变化的工艺参数主要有钢板运行方式、辊道速度、水流密度及水组的开启方式等。在此，用 ANSYS®模拟研究了钢板在不同条件下厚度方向上温度变化的规律。为了便于模拟分析，作出如下假定：

（1）冷却前，钢板整体温度场均匀。

（2）以对流换热系数表征冷却过程的冷却强度。在进行冷却的过程中，钢板表面的局部换热主要为射流冲击换热、沸腾换热、热辐射、带钢与辊道之间热传导以及空气对流换热方式。在计算过程中，将钢板与其他介质的换热形式的影响归结为钢板表面与冷却水或空气之间的对流换热。

（3）为了便于计算并考虑水温的影响，模拟过程中介质水温设为定值 22℃。

由上述假设，基于冷却过程中的热传导微分方程，采用导热问题的第三类边界条件，依据第三章各物性参数的求解方法，钢的密度取 $7800kg/m^3$，导热系数和比热容均查表可得，结合现场实际情况和经验数据，空气换热系数取 $50W/(m^2 \cdot ℃)$，水冷的换热系数并非取一定值，为了更加接近于实际，这里将根据回归模型式（6-1）在钢板表面加载随温度变化的换热系数。

$$\alpha = K \times 1.078 \times 10^5 \times q^{0.43068} \times e^{-0.00935T} \tag{6-1}$$

式中 α——换热系数；

K——自学习系数；

q——水流密度；

T——平均温度。

下面主要针对通过式冷却方式下不同工艺参数的超快速冷却过程中钢板

厚向温度场进行模拟分析。图 6-1 所示为钢板模型网格划分。

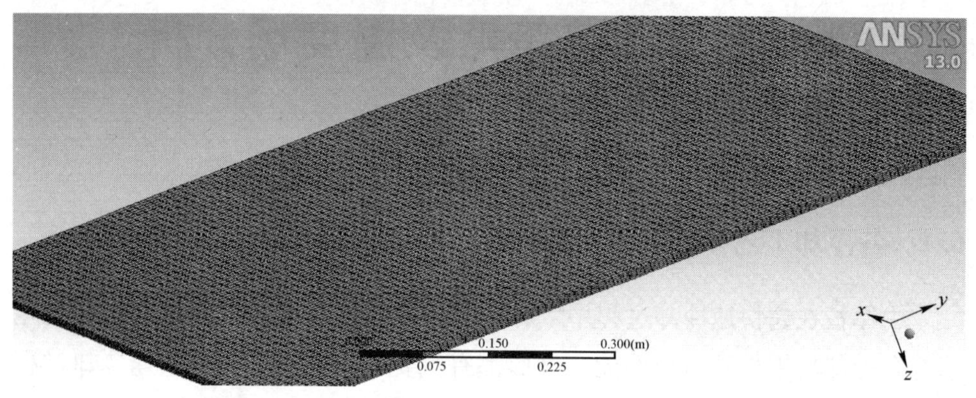

图 6-1 钢板模型网格划分

6.1.1 不同厚度规格条件下温度场分析

在轧后冷却过程中，冷却钢板的规格尤其是厚度尺寸对最终冷却效果有着至关重要的影响。得到理想的目标终冷温度以及冷却速度，冷却工艺的制定必须考虑厚度因素。因此，研究不同厚度规格条件下温度场的变化就显得尤为重要。

以 Q345 钢板为模拟对象，水流密度 850L/(m^2 · min)，冷却时间 8s。终轧温度 800℃左右，从轧机抛钢至控冷区入口经过 30s 空冷，然后进入控冷区。

现模拟 16mm、20mm、30mm、40mm 不同厚度规格的钢板冷却过程中厚向温度场分析。模拟结果如图 6-2~图 6-6 所示。

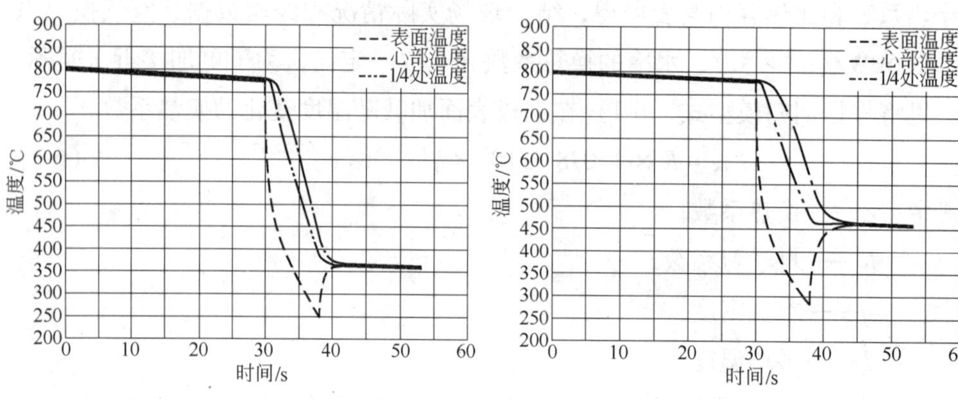

图 6-2 16mm 厚冷却过程温度趋势

图 6-3 20mm 厚冷却过程温度趋势

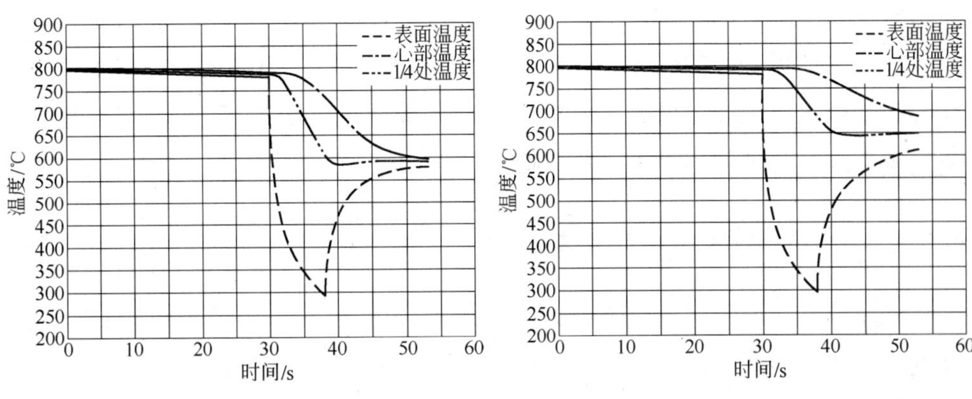

图 6-4 30mm 厚冷却过程温度趋势

图 6-5 40mm 厚冷却过程温度趋势

如图 6-6 所示，在水冷过程中，厚度大的钢板表面温降略大于较薄规格的钢板，可见厚度的变化对钢板表面的冷却影响不大。这是由于钢板表面与冷却水直接接触，其换热效率不受厚度限制，但热传导率受钢板厚度影响，表面温度随钢板厚度变化会略有不同。如图 6-7 所示，对于钢板心部而言，厚度越大，其终冷温度越高，在水冷结束时，40mm 厚的钢板心部温度约为 775℃，而 16mm 厚钢板的心部温度约 375℃。由此可见，前者比后者的终冷温度高出近 400℃。

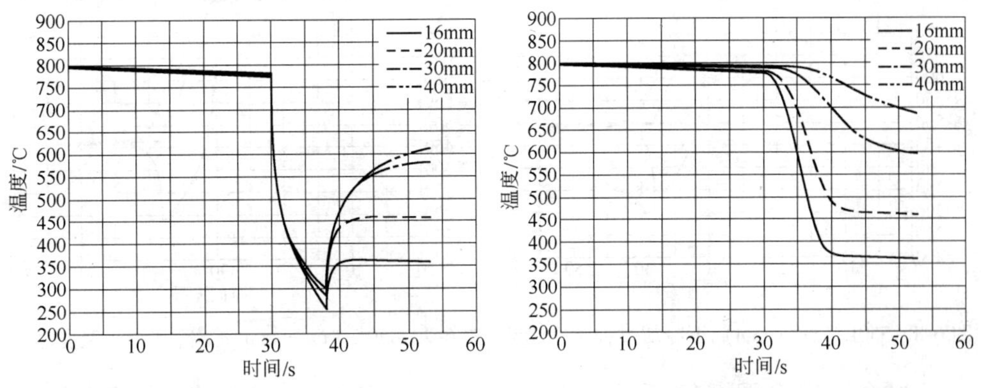

图 6-6 各厚度下钢板表面温度变化趋势

图 6-7 各厚度下钢板心部温度变化趋势

由图 6-6 可以看出，水冷结束后，厚度越大的钢板，钢板表面返红温度越高。这可以通过钢板心部温度的变化规律来作出解释。在相同水流密度的冷却过程中，较厚规格的钢板热阻大，在冷却过程中表面冷却效果不能快速传递至心部，导致心表温差大，形成了很大的温度梯度，热传导作用比较强烈，所以在冷却后的空冷过程中，钢板心部能量迅速传递至表面，但是由于空冷过程的钢板表面换热效率非常低，传递至表面的能量不能够及时被带走，就会产生积聚使表面温度升高，这就形成了厚板的心部温度在水冷阶段温降速度较小以及其表面温度在空冷阶段有较大返红的现象。

6.1.2 不同水流密度条件下温度场分析

缝隙喷嘴和高密快冷喷嘴在大范围压力、流量调节时均可保持良好的射流流体形状，从而使钢板的瞬时冷却速度能够实现大范围无级调节。不同的水流密度其换热效率也不尽相同，因此，大范围的水量无级调节实现了多冷却路径的控制。

以 Q345 钢板为模拟对象，厚度规格为 20mm，冷却时间 8s。终轧温度 800℃左右，从轧机抛钢至控冷区入口经过 30s 空冷，然后进入控冷区。

现模拟 550L/(m^2 · min)、850L/(m^2 · min)、1250L/(m^2 · min)、2000L/(m^2 · min) 不同水流密度下钢板冷却过程中厚向温度场分析。模拟结果如图 6-8~图 6-13 所示。

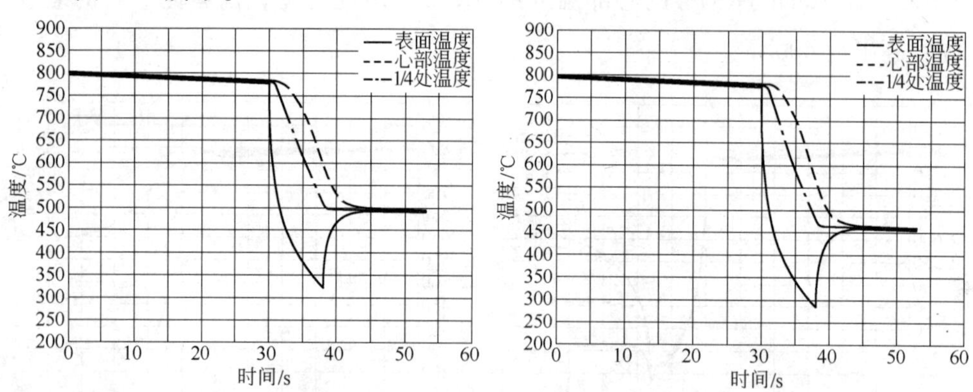

图 6-8 550L/(m^2 · min) 下冷却过程温度趋势 图 6-9 850L/(m^2 · min) 下冷却过程温度趋势

结合 6-12 和图 6-13 所示，可以看出水流密度越大，冷却能力越强。相同厚度规格下，2000L/(m^2 · min) 所带来的最终温降可达近 380℃，550L/(m^2 · min) 所带来的最终温降约 270℃。对于冷速方面，由图 6-14 可知，随着水流密度的增加冷速呈增大趋势。对于 20mm 厚的钢板，冷速最大可达 45℃/s 以上，可见超快冷对于冷速的调节能力强，控冷方式非常灵活，能满足各种冷速条件下冷却路径控制。

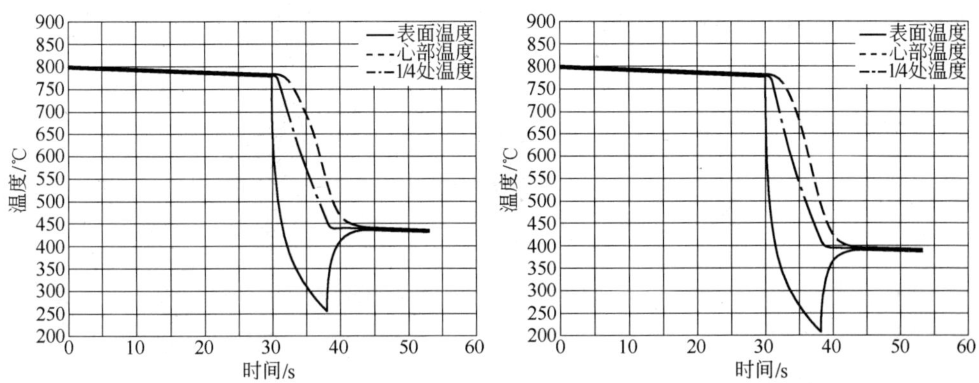

图 6-10 1250L/(m^2 · min) 下冷却过程温度趋势 图 6-11 2000L/(m^2 · min) 下冷却过程温度趋势

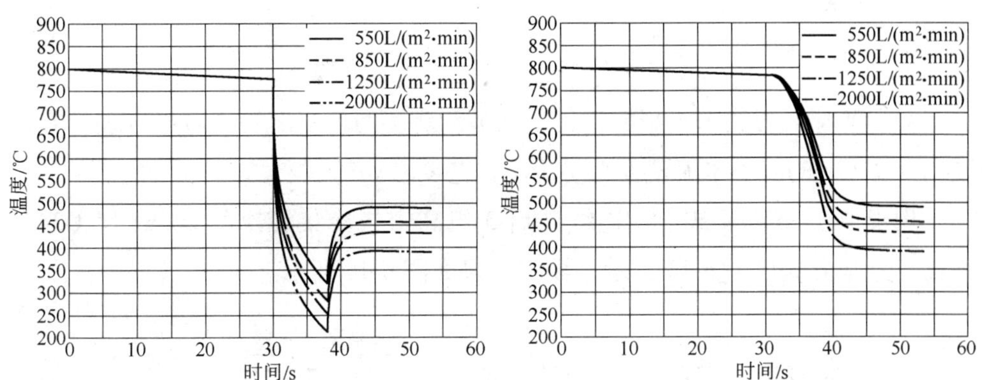

图 6-12 各水流密度下钢板表面温度变化趋势 图 6-13 各水流密度下钢板心部温度变化趋势

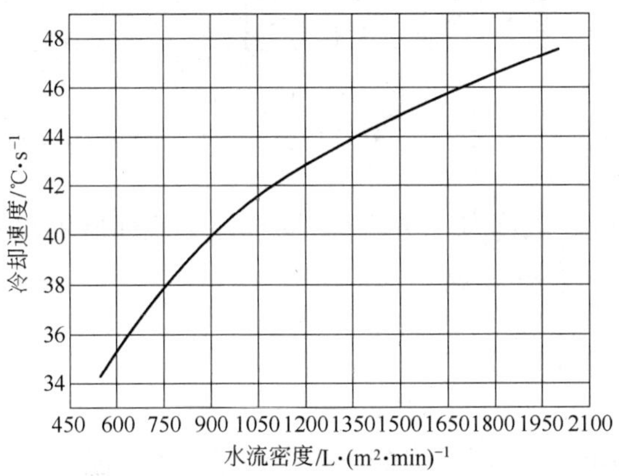

图 6-14 20mm 厚板部分水流密度下冷速变化趋势

6.2 各冷却策略下温度场模拟分析

6.2.1 通过式冷却模式

6.2.1.1 缓冷模式

对于温降要求不大或薄规格的钢板，一般急速冷却所带来的钢板心表温度差异容易导致较大的内应力，影响板形。对此，往往采用较小水流密度或者间隔式开水的方式达到缓冷效果，从而实现既满足温度工艺要求又保证板形良好的目的。

A ACC 常规加速冷却

对于冷却能力要求不高的钢种，从节约能源的角度出发，通过合理计算，采用 0.2MPa 的较小水流密度满足冷却工艺要求。

现模拟在 ACC 模式下，连续开启 3 组高密快冷集管冷却 20mm 厚 Q345 钢板，开水方式如图 6-15 所示，模拟结果如图 6-16 所示。

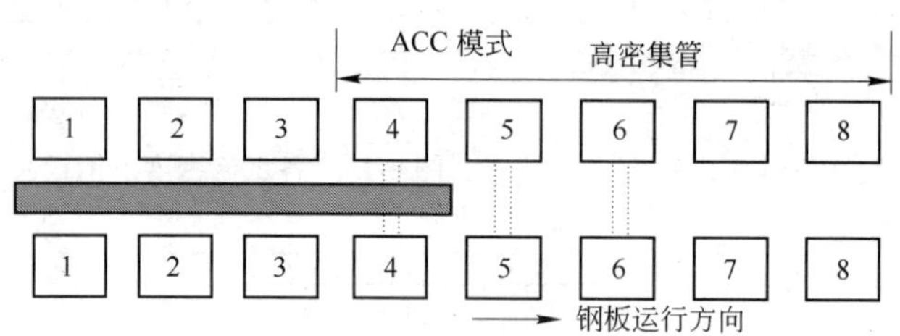

图 6-15 ACC 开水方式示意图

由图 6-16 可知，该冷却过程中，钢板平均温降约 77℃，平均冷速达 19℃/s，最终返红温度约 705℃。

B UFC 间歇冷却

对于厚度规格不大的钢板，集中连续冷却容易造成瞬时钢板心表温差过大，不仅使得心表组织差别很大，而且过大的温度梯度容易导致内应力积聚，不利于保证板形。为此，采用间隔开水的方式，空冷水冷交替进行，在满足

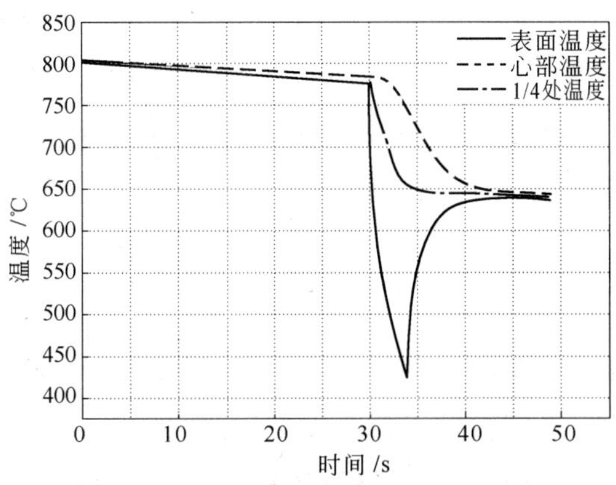

图 6-16 ACC 模式下厚向温度趋势

冷却工艺要求的前提下，有效地缓解心表温差过大所带来的负面影响。

现模拟在 UFC 模式下，间隔开启 3 组高密快冷集管冷却 20mm 厚 Q345 钢板（图 6-17），模拟结果如图 6-18 所示。

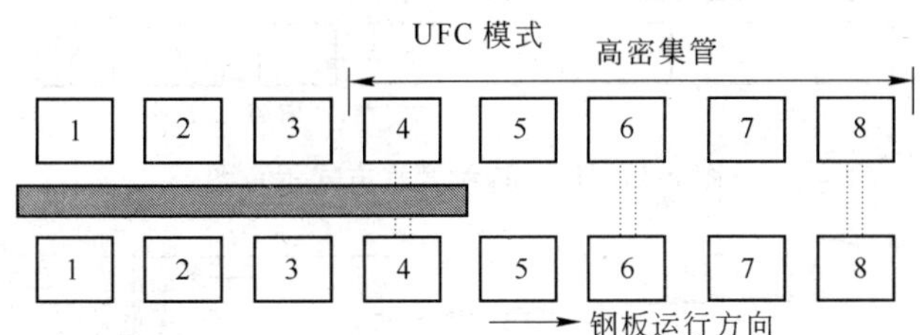

图 6-17 UFC 间歇开水方式示意图

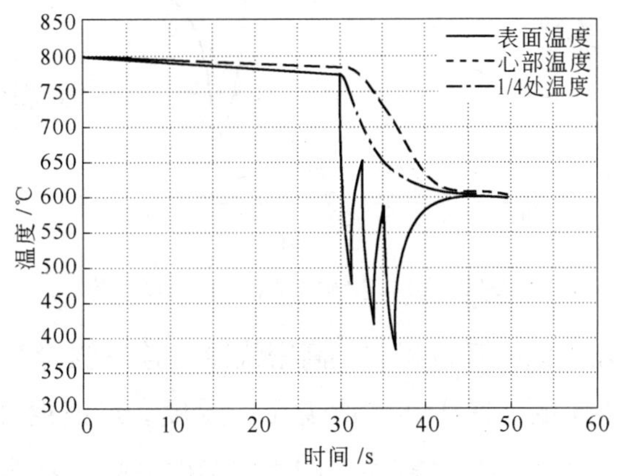

图 6-18 UFC 间歇模式下厚向温度趋势

由图 6-18 可知，该冷却过程中，由于水冷空冷的交替进行，使得钢板表面温度得到一定程度的返红，大大减小了心表温差，最终返红约 600℃，平均冷速约 27℃/s，既满足工艺要求，也能有效避免温差过大引起的应力集中，保证较好的冷后板形。

6.2.1.2 超快冷模式

对于一些特殊冷却要求的钢板，往往需要较大的冷速以达到所需相变起始点，通过模型计算采用较大水流密度配以适当辊速进行大冷速的强冷，能够更灵活地控制冷却路径，得到目标组织。

现模拟在 UFC 模式下，连续开启 3 组高密快冷集管冷却 20mm 厚 Q345 钢板（图 6-19），模拟结果如图 6-20 所示。

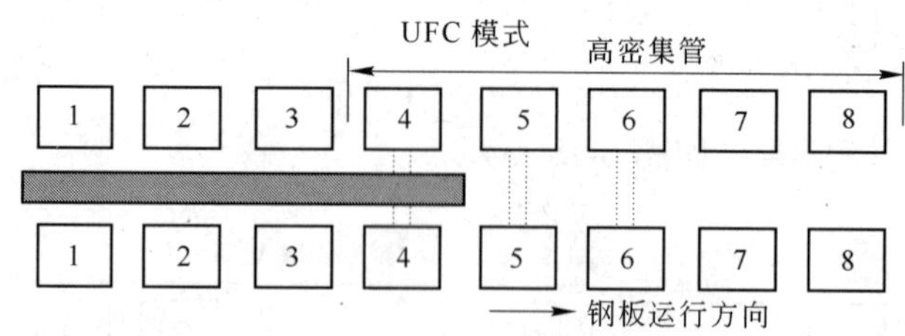

图 6-19 UFC 连续开水方式示意图

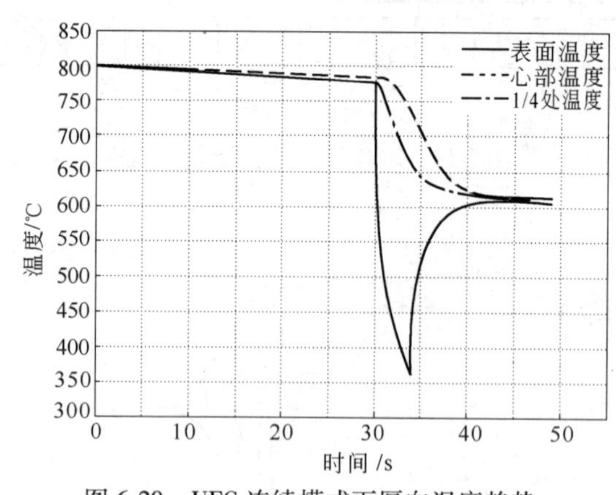

图 6-20 UFC 连续模式下厚向温度趋势

由图 6-20 可知，该冷却过程中，高密快冷的连续强冷，使得钢板表面获得很大的极限冷却速度，便于达到所需相变温度。最终返红约 605℃，平均冷速可达 45℃/s，可见 UFC 连续模式的集中水冷能够有效地实现大冷速冷却工艺。

6.2.1.3 强冷模式

对于冷却能力要求高，温降非常大的（一般大于400℃）钢板冷却，往往利用大水流密度配以较低辊速，完成对钢板的深度冷却，从而获得理想的组织和性能。

A UFC+ACC 组合冷却

UFC 与 ACC 的组合式冷却是采用将整个冷却区分成两段冷却区，UFC 冷却方式和 ACC 冷却方式的合理组合，不仅充分利用整个冷却区延长有效作用，而且不同冷速相结合可以更灵活控制冷却路径。

对于部分特别钢种或者有特殊冷却工艺要求的钢板，一般需要前段大冷速冷却，这样可以保证最后的组织性能满足要求。

现模拟前段 3 组 UFC 模式加上后段 5 组 ACC 模式的组合方式冷却 20mm 厚 Q345 钢板，开水方式如图 6-21 所示，模拟结果如图 6-22 所示。

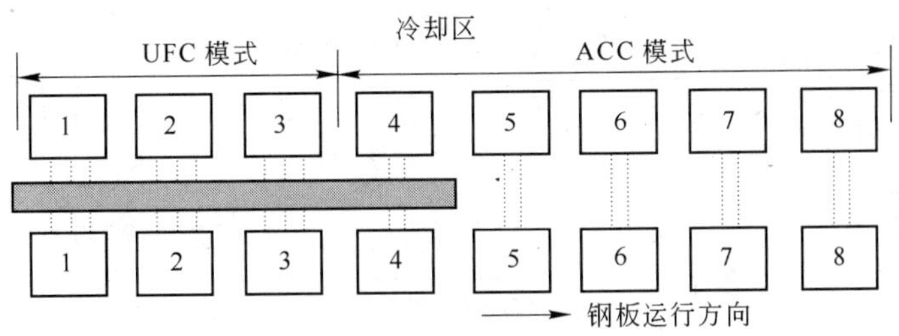

图 6-21 UFC+ACC 开水方式示意图

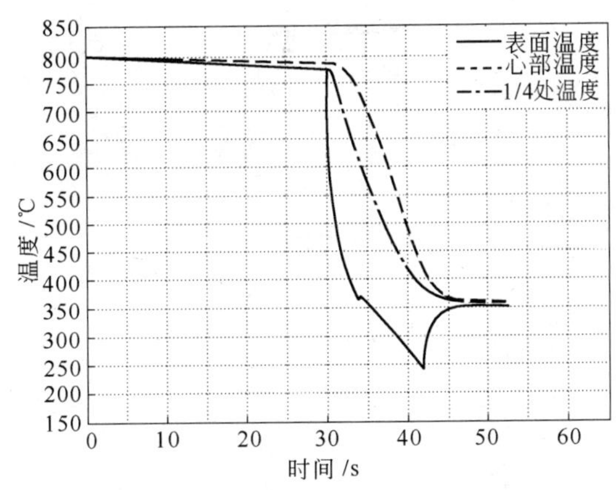

图 6-22 UFC+ACC 模式下厚向温度趋势

由图 6-22 可知，该冷却过程中的钢板平均温降可达 450℃，平均冷却速度约 37℃/s，由于前段强冷，前 4s 的温降速度非常大，钢板表面极限冷却速度可达 100℃/s，很容易达到工艺要求下的相变起始点，随后再配合高密快冷却，得到目标工艺下的相变组织。UFC 与 ACC 联合使用能有效冷却特厚或温降要求很大的钢板，达到所需要的组织性能。

B DQ 冷却

淬火的目的是使过冷奥氏体进行马氏体或贝氏体转变，得到马氏体或贝氏体组织，然后配合以不同温度的回火大幅提高钢的强度、硬度、耐磨性、疲劳强度以及韧性等，从而满足各种机械零件和工具使用要求。

要使钢中高温相奥氏体在冷却过程中转变成低温亚稳相马氏体，冷却速度必须大于钢的临界冷却速度，这就需要足够大的冷却强度。

现模拟 UFC 模式下开启 2 组缝隙集管加上 8 组高密集管，冷却 20mm 厚容器钢，开水方式见图 6-23，模拟结果如图 6-24 所示。

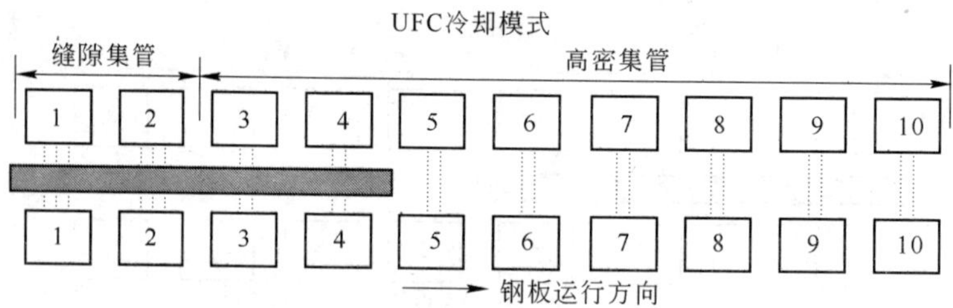

图 6-23 DQ 开水方式示意图

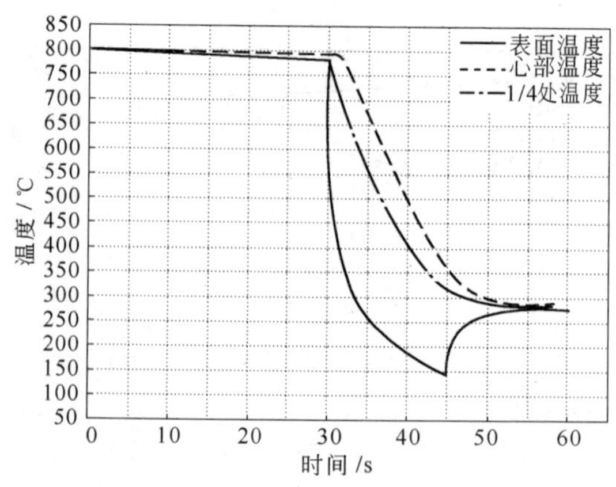

图 6-24 DQ 模式下厚向温度趋势

由图6-24可知，该冷却过程中的钢板最终返红温度约280℃，平均温降可达500℃，平均冷却速度约33℃/s。冷速足够大可达到工艺要求下的相变起始点，随后再配合高密快冷集管，继续深入冷却，得到目标工艺下的相变组织。

6.2.2 特殊冷却模式

6.2.2.1 摆动式冷却

对于特厚规格的钢板，采用通过式的冷却方式，可能由于设备冷却能力限制往往不能达到目标冷却要求。为此，采用在冷却区内来回摆动的冷却方式，延长冷却时间，以满足厚钢板大温降的工艺需求，如图6-25所示。

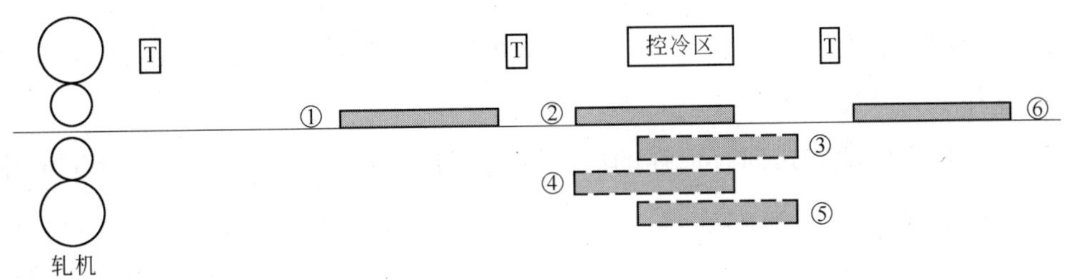

图6-25 摆动式冷却示意图

图6-25中①、②、③、④、⑤、⑥代表钢板运行的先后次序。①为钢板进入冷却区之前；②、③、④、⑤为钢板在冷却区内进行来回摆动；⑥为钢板冷却后离开冷却区。

摆动式冷却方式拥有很强的冷却能力，由于冷却时间加长，使得钢板在厚向上乃至心部都得到充分冷却，但相对通过式冷却方式其冷却过程较长，控制也较为复杂。摆动式冷却方式下各工艺参数对温度场的影响类似于通过式冷却方式，这里不再赘述。

6.2.2.2 往复式冷却

对于特厚规格的钢板，采用通过式冷却方式，会由于设备冷却能力限制往往不能达到目标冷却要求；采用摆动式冷却方式，冷却效果主要集中在表面，但由于厚度非常大，热阻很大，导致厚向容易产生很大的温度梯度，这对于钢板的均匀性非常不利。为此，采用穿梭冷却区的往复式冷却方式，结合空冷并延长冷却时间，以满足特厚钢板或一些特殊要求钢板的大冷却强度的冷却工艺需求，如图 6-26 所示。

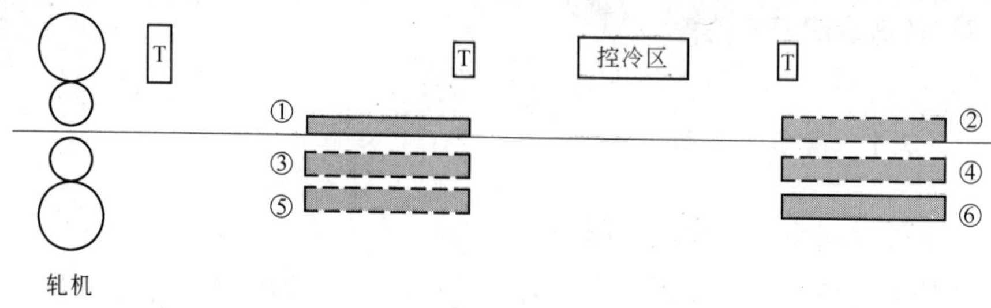

图 6-26 往复式冷却示意图

图 6-26 中①、②、③、④、⑤、⑥代表钢板运行的先后次序。①为钢板进入冷却区之前；②、③、④、⑤为钢板穿过冷却区进行来回摆动；⑥为钢板冷却后离开冷却区。

往复式冷却方式拥有很强的冷却能力，让钢板不仅反复水冷，还同时配以间歇空冷，使得钢板心部温度充分传导到钢板表面，钢板厚向温度得以平衡，避免过大的温度梯度，但往复式冷却方式的冷却过程很长，控制也较为复杂。往复式冷却方式下各工艺参数对温度场的影响类似通过式冷却方式，这里不再赘述。

7 中厚板超快速冷却技术的应用

自新一代 TMCP 工艺技术理念提出以来，超快速冷却系统已经在多条中厚板生产线实现工业化应用，并在低成本高性能热轧钢铁材料开发方面取得显著成效，在线轧后先进冷却系统试验装置在河北敬业钢铁集团成功应用后，已在国内得到迅速推广应用。

7.1 超快冷技术应用概况

7.1.1 鞍钢厚板 4300mm 轧机轧后快速冷却系统

鞍钢 4300mm 厚板线轧后超快速冷却系统设计为前段高压水射流冲击冷却（UFC）和后段高密 U 型管层流冷却（ACC）相结合的设备布置形式。前段高压水射流冲击冷却装置能够实现对钢板的超快速冷却，后段高密 U 形管层流冷却装置能够实现钢板的加速冷却。前段超快冷与后段加速冷却的联合使用能够对钢板进行多级温度路径控制，同时也可满足在线淬火（DQ）的工艺需求。超快速冷却系统设备如图 7-1 所示。

图 7-1 鞍钢 4300mm 厚板轧机 ADCOS-PM 现场照片

冷却工艺设备布置在精轧机与矫直机之间的输出辊道上。轧后冷却设备全长28m（UFC为6m，ACC为19.2m，UFC与ACC间隙为1m），射流冷却装置每组集管间距0.6m，依次沿轧制中心线布置10组冷却集管，包括2组缝隙集管和8组三联集管。层流冷却装置上集管共计12组，每组上集管间距1.6m；下集管共计24组，每组下集管间距0.8m。该冷却设备的基本技术参数如表7-1所示。

表7-1 鞍钢4300mm厚板轧机基本技术参数

主体设备	超快速冷却区	加速冷却区
长度	6000mm	19200mm
宽度	4300mm	4300mm
瞬时水量	$6000m^3/h$（0.5MPa）	$8500m^3/h$（0.1MPa）
上喷嘴高度	距钢板上表面300mm	距辊道上表面1450mm
上喷水系统提升速度	电动提升系统速度：2mm/s	无
	液压提升系统速度：100mm/s	无
下喷嘴高度	辊道上表面下方100mm	辊道上表面下方100mm

基于以超快速冷却装置为核心的新一代TMCP技术，鞍钢中厚板厂已经完成了高强工程机械钢Q460~Q690，石油储备罐钢08MnNiVR和12MnNiVR，水电钢AY610D，管线钢X65、X70、X80以及高强船板AH32~FH550等一系列低成本产品的生产及供货。实践表明，应用本套系统节约了合金元素，钢板的冷却均匀性明显改善，产品各项性能良好，生产工艺得以简化，生产效率得到提高，满足了低成本减量化产品的生产需求。通过本技术开发的产品已应用于船板、水电、管线、桥梁、容器及国防工业工程。

7.1.2 首秦中厚板厂4300mm轧后冷却系统

首秦超快速冷却系统与鞍钢超快冷系统同属于东北大学所开发的第一代轧后冷却系统。首秦4300mm中厚板超快速冷却段主体设备布置在精轧机后与层流冷却设备之间，由2组狭缝式喷嘴和7组高密快冷喷嘴组成，长7.2m。图7-2为超快速冷却装置照片。

首秦4300mm宽厚板生产线利用ADCOS-PM系统进行产品开发，取得了明显的效果。开发低成本厚规格高强度的Q370q级别桥梁用钢板，取消了Nb

和Ti的微合金元素的添加，节约0.03%的Nb和0.015%的Ti，强度、塑性、韧性和焊接性能均完全能满足了用户的要求。采用原有的Q370q的成分，成功将钢种级别提高至Q420q、Q460q的要求，部分产品甚至达到Q500q的性能要求。借助于ADCOS-PM系统高冷速和高冷却均匀性的特点，首秦成功开发了低成本高等级的X65、X70、X80级别管线钢，21.0mm以下规格X70取消Mo、Cu、Cr等合金元素的使用，21.0mm X80级别无Mo低Ni化生产，取得了巨大的经济效益和社会效益。此外，利用超快速冷却系统与传统加速冷却系统结合使用，首秦成功进行的NM360、海洋工程用钢等在线淬火产品的工业试制。

图7-2 超快速冷却装置照片

2012年3月17日，以首钢总公司与东北大学合作开展的《首秦公司4300mm宽厚板生产线超快冷设备工艺研究》项目为依托完成的“首钢4300mm中厚板生产线超快速冷却系统开发及新一代TMCP工艺的应用”科技成果，通过了由中国钢铁工业协会组织的科技成果鉴定，由中国钢铁行业著名专家殷瑞钰院士、中国工程院副院长干勇院士等专家组成的鉴定委员会认为，“该项目以新一代TMCP工艺为指导思想，以低成本减量化生产全系列中厚板产品为目标，在国内率先开展了超快速冷却技术的开发，并在工业生产上取得成功应用”，“形成了具有自主知识产权的高强度均匀化控制技术”，“开发了中厚板超快速冷却成套装备”，“开发出以UFC-F、UFC-B、UFC-M等为代表的新一代TMCP工艺，产品性能稳定、均匀，质量优异”，“该成果总体上达到了国际领先水平”。

7.1.3 南钢2800mm轧后超快速冷却设备研制及工艺开发

南钢2800mm超快冷系统改造项目包括新增预矫直系统、ADCOS-PM系统及配套水处理系统。如图7-3所示，南钢2800mm中板生产线原ACC装置全部拆除，新增 ADCOS-PM 装置和预矫直机装置。预矫直机装置长 4m，与精轧机距离为 57m。ADCOS-PM 装置长 20m，距离预矫直机出口 4m，与热矫直机距离为 50m。ADCOS-PM 装备有效冷却长度 18m，约为第一代超快冷装备长度的 3 倍，由倾斜布置的 18 组上下对称喷嘴组成，其中缝隙集管 2 组，高密快冷集管 16 组，分为 BANK A 和 BANK B 两个分区，分别由可移动上框架，其提升机构由电动螺旋升降系统和液压快速提升系统组成，实现上框架提升及快抬保护上喷水系统功能。BANK A 区长为 8m，上喷嘴间设有挡水辊，工作时，挡水辊距离钢板表面 2~50mm；BANK B 区长为 10m，喷嘴间未设置挡水辊，工作时，喷嘴出口距离钢板表面 300mm。在冷却区内适当位置配置若干中喷、吹扫等辅助装置，用于消除残水，提高换热效率，改善冷却均匀性及提高钢板温度测量精度。冷却系统工艺及仪表布置见图 7-3。南钢 2800mm 超快速冷却系统总貌见图 7-4。冷却设备的基本技术参数见表 7-2。

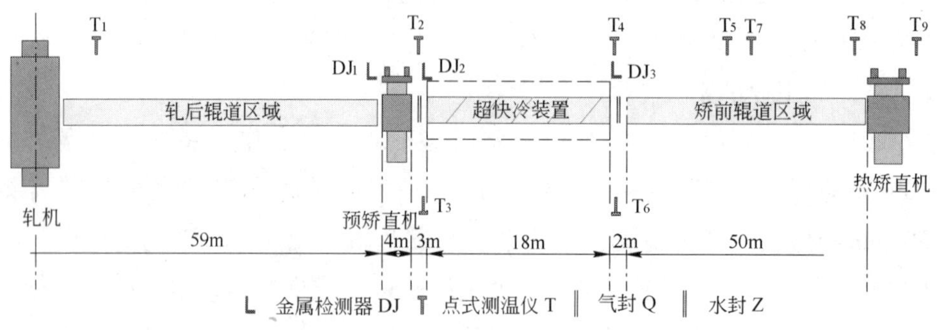

图 7-3 冷却系统工艺及仪表布置

图 7-4 南钢 2800mm 超快速冷却系统总貌

表 7-2 冷却设备的基本技术参数

主体设备	超快速冷却区
设备长度	全长 20m，有效长度：18m，BANK A 长度：8m，BANK B 长度：10m
冷却区宽度	2800mm
冷却区域	2 个 BANK A/BANK B
集管组数	缝隙 2 组（4 个）、高密 8 组（32 个）
工作位及检修位	BANK A 工作位：20mm，BANK A 检修位：1000mm
	BANK B 工作位：300mm，BANK B 检修位：1000mm
瞬时最大水量	$6300m^3/h$（0.5MPa），$4200m^3/h$（0.2MPa）

南钢 2800mm 所研发的轧后冷却系统为全新的中厚板轧后先进冷却系统（ADCOS-PM），冷却装备全长 20m，达到中厚板常规加速冷却装备长度，全面取代了传统层流冷却系统。ADCOS-PM 具有冷却速率大范围调整的特点，冷却能力全面覆盖从弱水冷至超快速冷却所有冷却强度，极大满足产品对不同冷却强度的生产工艺需求。ADCOS-PM 装备自动化系统实现了冷却速率、终冷温度以及冷却路径的高精度控制，满足了中厚板产品品种结构复杂、生产节奏快、冷却工艺窗口狭窄的生产需求。结合预矫直机装置，ADCOS-PM 系统极大改善了冷却过程中的冷却均匀性，冷后板形合格率和钢板表面质量得到大幅改善。充分利用常规加速冷却（ACC）功能、超快速冷却（UFC）功能、直接淬火（DQ）功能的多功能轧后先进冷却装置（ADCOS-PM），综合应用细晶强化、析出强化以及相变强化等多种强化机制，低成本高强度低合金钢、高强工程机械用钢、管线钢以及低温容器钢等一系列高品质节约型中厚板产品得到了开发和应用。

7.1.4 三钢 3000mm 中厚板厂轧后超快速冷却系统

针对三钢 3000mm 中厚板生产线现有 ACC 冷却装置在开发低成本减量化中厚板生产技术过程中表现出的冷却能力不足及板形合格率低等问题，福建三钢集团股份有限公司决定对现有轧后冷却系统进行升级改造，与东北大学合作开发超快速冷却系统并进行新一代 TMCP 技术的研发工作，见图 7-5。

三钢中厚板超快冷（UFC）项目是在原层流冷却系统的基础上进行改造，在改造过程中保留了部分原冷却装置（ACC），设备参数见表 7-3。

图 7-5 三钢 3000mm 超快速冷却系统总貌

表 7-3 三钢中厚板超快冷设备参数

项 目	参 数
有效冷却区长度/m	12
冷却钢板最大宽度/m	2.8
冷却装置最大水量/$m^3 \cdot h^{-1}$	6000
冷却装置水压/MPa	0.5/0.2/0.1
缝隙喷嘴数量/组	2
高密集管数量/组	10

通过以上改造，三钢中厚板 ADCOS-PM 系统包括生产线超快速冷却装置及配套水处理系统，原三钢 ACC 系统部分利用。依据轧后不同冷却工艺的要求，喷水系统由缝隙段和高密快冷段组成，实现从常规冷却到超快速冷却的无级调节。为改善冷却过程中换热、消除残水、提高冷却均匀性及提高钢板温度测量精度，ADCOS-PM 系统还配置有中喷、吹扫等相关辅助装置。

该系统的电气及自动化控制包含多工艺段钢板跟踪控制、头尾速度及流量联合遮蔽控制、喷水逻辑控制、规程智能制定及新一代通讯平台，实现了"一键式"自动、连续生产。三钢水系统具备水位控制、自水冷控制及供水压力控制等功能，通过合理的模式切换及供水压力、流量调节，以及智能升频、开关水预判、超快冷/ACC 自动切换等措施，实现水系统稳定、快速、精确供水。通过增设超快冷系统，降低了生产能耗，提高了设备利用率及产品成材率，Q345B 的减量化调试完成并逐渐扩大生产规模。

7.1.5 南钢4700mm宽厚板工程控制冷却装置

2011年8月26日，东北大学轧制技术及连轧自动化国家重点实验室（RAL）一举中标该项目中控制冷却装置的工艺、装备和自动化系统，见图7-6。这将使以超快冷为核心的新一代TMCP技术的中厚板轧机推向最宽级，表明该技术得到了业界的首肯。它进一步证明东北大学RAL开发的以超快冷为核心的新一代TMCP技术、装备和自动化系统已经走向成熟，具有在国际舞台上进行高水平竞争的实力。

图7-6 南钢4700mm超快冷项目签约仪式

2013年9月26日，南钢4700mm宽厚板工程超快冷装置顺利完成热负荷试车。该生产线是我国目前最新投产的最大轧制宽度可达4850mm的宽厚板生产线。南钢4700mm宽厚板工程超快冷装置项目是东北大学RAL实验室成功开发的第七套中厚板超快冷设备，具备ACC、UFC+ACC、ACC+UFC、DQ等多种冷却功能，可满足常规轧后冷却、中间坯冷却等多种工艺需求，冷却钢板厚度最大可达250mm，最大宽度为4850mm，见图7-7。

作为南钢“十二五”转型发展重点项目之一，南钢宽厚板项目列为国家发改委“2010年国家重点产业振兴的技术改造专项计划”，项目设计年产160万吨，产品品种包含造船钢板及海洋工程板、管线用钢板、锅炉及容器钢板、普通结构钢板、专用结构钢板和功能性结构钢板等，尤其适合生产宽幅石油及天然气管线钢板。目前，南钢4700mm已利用该系统成功完成宽度达到4686mm的超宽管线钢X80的工业试制和生产。终冷温度满足目标控制要求，

图 7-7 南钢 4700mm 超快冷装备

产品各项性能良好，冷后板形良好，如图 7-8 所示。

图 7-8 未经热矫直的 4686mm 宽 X80 冷后板形

7.1.6 新余 3800mm 超快冷设备技术集成与工艺创新项目

新钢 3800mm 中厚板生产线原有的传统加速冷却系统冷却能力低、冷却均匀性差，已不能满足 TMCP 技术产品的生产需求。东北大学所开发的以超快速冷却为核心的“新一代 TMCP（控轧控冷）技术”在降低生产成本、提高产品品质方面效果显著，得到了业内的广泛认可。为此，新钢公司决定对其轧后冷却系统进行全面的升级改造，由东北大学设计建造一套集 ACC、UFC、DQ 等多功能于一体的中厚板轧后先进冷却系统，进而进行高品质节约型中厚板产品的研发和生产，提升企业竞争力。

新钢公司超快冷系统秉承创新理念，全面继承了鞍钢 4300mm、首秦 4300mm、南钢 2800mm 和南钢 4700mm 超快速冷却系统的技术优势，实现了

DQ、UFC、ACC 等多种冷却工艺功能。同时，全新设计的复合角度射流喷嘴、水凸度、边部遮蔽等多种改善冷却均匀性的手段，使得系统功能更加完善。该项目为交钥匙工程，RAL 全面承担该项目的土建、机械装备、液压设备、电气自动化和工艺过程控制系统。经过了缜密的安排和艰苦奋战，自 2013 年 5 月合同签订至 2013 年 12 月建成投产，该项目的设计、制造、施工仅仅用了 6 个月时间，并且在短短 11 天内完成所有建设施工和冷调试工作，于 2013 年 12 月 24 日一次性热负荷试车成功，恢复正常生产，创造了建设周期和施工周期的新纪录。图 7-9 所示为新余 3800mm 超快冷装备。

图 7-9 新余 3800mm 超快冷装备

由东北大学设计建造的这套先进超快速冷却系统，主要解决新钢在船舶用钢、海洋平台用钢、管线钢、压力容器用钢、高强度钢、耐磨钢等高品质钢板生产方面存在的工艺、设备难题，提高产品的生产质量和经济技术指标。目前，该生产线生产的产品已经覆盖升级改造前的所有品种和规格，产品冷却均匀性得到了有效改善。在此基础上，结合新一代 TMCP 工艺，充分发挥多功能冷却设备的技术优势，进行了 12MnNiVR 直接淬火开发，Q550D TMCP 工艺开发以及高强船板、Q345B 减量化工艺产品试制，达到了预期效果，系统性的产品开发工作将全面展开。

7.1.7 韶钢板材部 3450mm 生产线增设超快速冷却系统工程

本项目是由东北大学 RAL 设计建造的第九项中厚板超快速冷却系统，也是第一项针对板卷生产线设计的超快速冷却系统，见图 7-10。宝钢集团韶钢板材部 3450mm 生产线原有传统加速冷却系统冷却能力低、冷却均匀性差，不能满足 TMCP 技术产品的生产需求。东北大学所开发的韶钢板材部 3450mm 生产线增设超快速冷却系统可实现 DQ、UFC、ACC 等多种冷却工艺功能。同时，全新设计复合角度射流喷嘴、水凸度、边部遮蔽等多种改善冷却均匀性的手段，使得系统功能更加完善。宝钢集团韶钢板材部新增超快冷项目为交钥匙工程，RAL 全面承担该项目的机械装备、液压设备、电气自动化和工艺过程控制系统。项目于 2013 年 12 月 27 日生产线停产进入现场施工阶段，经过建设施工人员和调试人员的日夜奋战，该系统于 2014 年 1 月 16 日一次性热负荷试车成功，1 月 18 日具备 TMCP 工艺产品生产能力，恢复正常生产。

图 7-10　韶钢 3450mm 超快冷装备

目前，该生产线生产产品已经覆盖升级改造前的所有品种和规格。自动化控制系统与数学模型的完美结合使得超快冷系统已经很好的融入原板卷生产系统中，并实现了绝大部分品种规格的全自动生产模式，大大减轻了操作人员的工作负荷；设备的优化以及多样的控制冷却方式，与原层冷生产产品相比，明显改善了钢板冷却均匀性，提高最终产品合格率。目前，合金成分减量化的调试工作已经开始，特别是 Q345 系列，吨钢降低 Mn 含量（质量分数）0.35%~0.45%，屈强可达 370~380MPa。同时，管线钢、高强钢等产品的工艺调试工作已经完成。

7.2 超快冷系统实际应用效果

7.2.1 终冷温度高精度控制

终冷温度是衡量 ADCOS-PM 系统性能的重要指标，其控制精度直接决定中厚板产品性能的稳定性和合格率。在采用工艺模型和自动化控制系统进行产品冷却工艺控制的状态下，10~50mm 厚度规格钢板 95%以上异板返红温度控制精度到达±25℃，同板板身温度控制精度达到±25℃，图 7-11 所示为终冷温度控制精度。

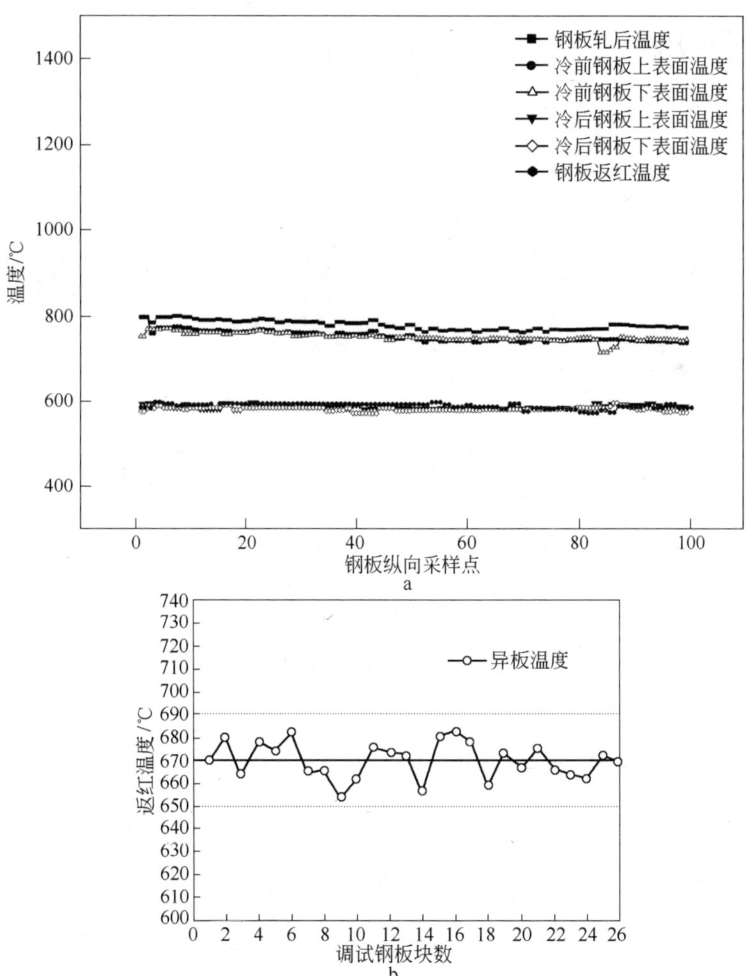

图 7-11 ADCOS-PM 工艺下终冷温度控制精度

a—同板温差；b—异板温差

7.2.2 冷却速率大范围无级调节

倾斜式射流冲击换热形式具有很高的冷却强度，接近水冷理论极限，同时，由于 ADCOS-PM 系统所采用的缝隙喷嘴、高密快冷喷嘴在大压力范围、流量调节条件下均可保持射流流体形状良好。因此，钢板的瞬时冷却速度能够实现大范围无级调节。如图 7-12 所示，对于板厚为 10mm 的钢板最大冷速大于 100℃/s，最小冷速约 10℃/s；对于板厚为 20mm 的钢板最大冷速大于 50℃/s，最小冷速约 5℃/s；对于板厚为 30mm 的钢板最大冷速大于 30℃/s，最小冷速约 4℃/s；对于板厚为 50mm 的钢板最大冷速大于 10℃/s，最小冷速约 2℃/s，极大满足了不同产品冷却工艺需求。

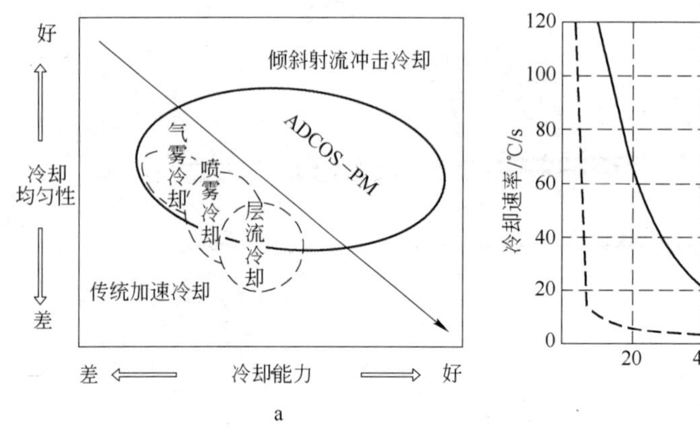

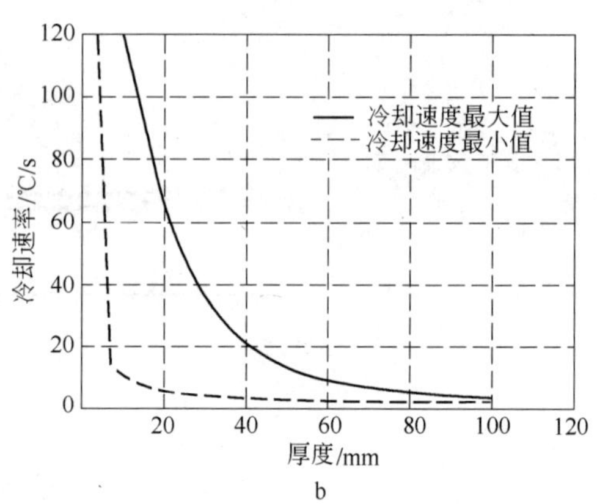

图 7-12 ADCOS-PM 冷速调整范围

7.2.3 良好板形控制

倾斜射流冲击换热技术以及高均匀性缝隙喷嘴、高密快冷喷嘴设计，使得 ADCOS-PM 系统有效避免了传统层流冷却方式下多种换热方式并存、换热不均、冷却均匀性差的缺点。同时，预矫直机极大改善了来钢板形，结合以挡水辊为核心的系列冷却均匀性控制技术，钢板冷却过程具备极高的均匀性。对于容易产生板形缺陷的低碳贝氏体钢板，如：高级别管线钢、高强度结构钢等，采用 ADCOS-PM 系统，并通过优化冷却工艺，改善终冷温度，可以有效抑制产品在冷床上不均匀相变的发生，降低残余应力，减小板形恶化倾向，如图 7-13 所示。

图 7-13 ADCOS-PM 工艺下板形控制

7.2.4 良好表面质量控制

ADCOS-PM 系统不仅改善钢板宏观冷却均匀性，钢板表面局部冷却均匀性也有较大改善。如图 7-14 所示，高密快冷集管采用倾斜多束圆形喷嘴叉排布置形式，其喷嘴直径 3～5mm 为层流冷却喷嘴直径的 1/3～1/4，喷嘴间距约为层流喷嘴间距的 1/3。在射流冲击流体作用下，冲击换热区域和核态沸腾区域得到扩展，不稳定的膜态沸腾区域和过渡沸腾区域得到抑制，冷却水与高温钢板表面形成的换热区域分布更为均匀，钢板表面各个部位温差减小，从而使得表面的氧化铁皮生长变得更加致密，获得良好的钢板表面质量。图 7-15 所示为不同产品在 ADCOS-PM 工艺下钢板表面质量。

7.2.5 多彩的在线热处理工艺

以 ADCOS-PM 为核心的新一代 TMCP 技术，极大丰富了产品轧后冷却路径控制手段，最大限度地发挥析出强化、细晶强化、相变强化等各项强韧化机制的综合作用。依托具有大范围冷却速度控制、冷却起讫点温度高精确控

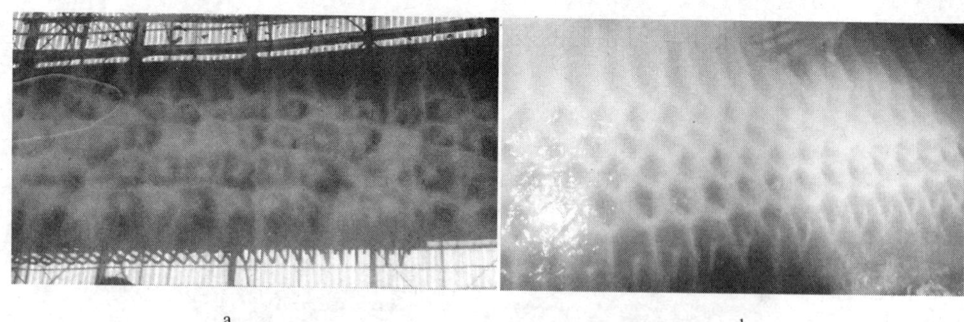

a　　b

图 7-14　高密快冷集管射流冲击照片

a—传统层流冷却装置下集管喷水状态；b—ADCOS-PM 装置下高密快冷集管喷水状态

a　　b

图 7-15　ADCOS-PM 工艺下钢板表面质量

a—17.2mm 厚 X70 钢板表面质量；b—Q345R 钢板表面质量（UFC）

制、冷却路径控制特点的 ADCOS-PM 系统，可实现加速冷却 ACC（Accelerated Cooling）、分段冷却 DC（DC-Dual Stage Cooling）、间断淬火 IDQ（Interrupt Direct Quenching）、直接淬火 DQ（Direct Quenching）、直接淬火碳分配 DQP（Direct Quenching & Partitioning）等多种功能，实现铁素体/珠光体、贝氏体、贝氏体/马氏体及马氏体等各类产品的相变过程控制需要。图 7-16 所示为 ADCOS-PM 工艺下丰富多彩的柔性化在线热处理工艺。

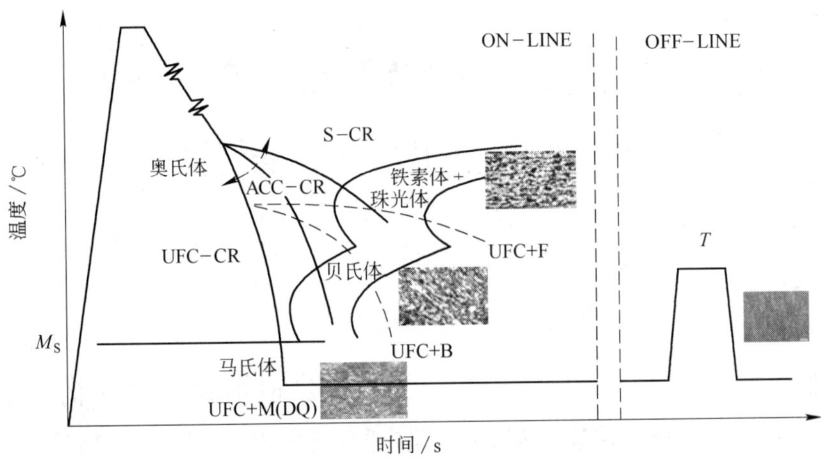

图 7-16 ADCOS-PM 工艺下多彩的热处理工艺

8 基于新一代 TMCP 工艺的节约型高品质产品研发

控制轧制与控制冷却（TMCP）工艺是保证钢材强韧性的核心技术[29,15,64,65]。中厚板超快速冷却的研究与开发极大丰富了产品轧后冷却路径的控制手段，最大限度地发挥析出强化、细晶强化、相变强化等各项钢材强韧化机制的综合作用[30,65,66]。依托于具有大范围冷却速度控制能力、冷却起讫点的温度高精确控制能力以及冷却路径控制能力特点的中厚板轧后先进冷却系统（ADCOS-PM），可实现加速冷却（Accelerated Cooling，ACC）、分段冷却（Dual Stage Cooling，DC）、间断淬火（Interrupt Direct Quenching，IDQ）、直接淬火（Direct Quenching，DQ）和直接淬火碳分配（Direct Quenching & Partitioning，DQP）等多项功能，以达到铁素体/珠光体、贝氏体、贝氏体/马氏体以及马氏体等各类产品的相变过程控制的需求[67~69]。基于新一代 TMCP 工艺，通过采用具有 ACC、UFC 和 DQ 等多种冷却功能的轧后先进冷却系统（ADCOS-PM），一系列低成本高品质产品得到了开发和生产，为企业拓宽市场并赢得更大的效益[70~73]。

8.1 新一代 TMCP 工艺 UFC-F 的应用

8.1.1 低成本 Q345 系列产品

碳锰钢属于优质碳素结构钢中锰含量较高的碳素钢，主要通过在钢中添加碳和锰两种元素实现钢的强化作用，而钢中其他少量或微量的合金元素如铌、钒、钛、镍和铝等通常是冶炼过程中残留下来的，而非特意添加。因此，对于碳锰钢的减量化而言，主要是针对碳和锰两种元素进行减量化设计，在减少钢中元素添加量的同时，依然保证钢的强度要求[74]。

锰主要是以置换固溶的方式存在于铁基体中进行强化，由于强化效果相对较弱，添加1%的锰元素并使之固溶仅可以使强度增加80MPa，因此置换固溶强化的成本相对较高。碳能够以间隙固溶的形式进行强化，强化效果明显，是一种成本相当低廉的强化元素[75]。但是，由于碳的间隙固溶强化效果受碳原子在铁中固溶度的限制，加之其对钢材韧性、塑性和焊接性损害较大，因而在普碳钢和低合金钢中很少采用碳的间隙固溶强化。相比之下，利用碳在铁中的过饱和析出形成渗碳体，并对渗碳体的析出形态进行控制，得到细化的片层渗碳体或者细小的渗碳体颗粒，才是组织强化的最佳方式和减量化的最优设计。因此，碳锰钢减量化设计的思路为：合理减少钢中锰含量，通过工艺细化渗碳体组织[76,77]。

根据现场实际的生产情况，考虑到中厚板的板坯厚度的问题，对3种不同的板坯进行了减量化成分设计、轧制规格如表8-1所示。

表8-1　Q345的化学成分

厚度/mm	C	Mn	Si	P	S	Alt	Nb
20	0.14	1.00	0.173	0.015	0.003	0.036	0.004
25	0.17	1.04	0.183	0.015	0.003	0.036	0.005
40	0.16	1.03	0.183	0.015	0.003	0.036	0.015

工业现场的Q345合金成分采取了锰减量化的设计思路，成分中的锰含量由1.3%~1.5%减少到1%左右，从而降低生产成本，其他元素为残余元素，并非特意添加。

根据Q345的成分设计，对不同板厚的坯料开展工业试制，将坯料加热至1150~1200℃，之后采用两阶段轧制工艺，终轧温度控制在850℃，以大冷却强度冷却至620℃。

对工业化试制的Q345钢板进行力学性能检测，结果如表8-2所示。

表8-2　Q345的力学性能

厚度/mm	屈服强度/MPa	抗拉强度/MPa	伸长率/%	冲击功值/J
20	386	518	25	202
25	392	525	27	225
40	397	516	26	189

通过力学性能检测，实验钢的屈服强度、抗拉强度、断后伸长率和冲击

功均能满足 Q345 级 GB/T 1591—2008 国家标准的性能要求。

为比较钢板厚度方向上组织的差异，金相试样沿钢板厚度方向在钢板上表面、厚度 1/4 处、心部 3 个位置截取，经研磨、抛光和腐蚀后，在 LEICA DM 2500M 图像分析仪上进行显微组织观测。

根据图 8-1 的金相组织图片可以看出，经过工业化试制的 Q345 组织主要由铁素体和珠光体两部分组成，铁素体中碳含量较低，在金相图片中呈白色，而珠光体为富碳组织，在金相图片中为黑色区域。

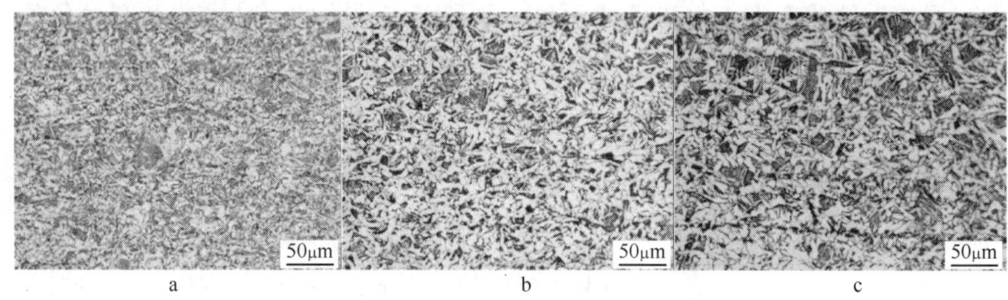

图 8-1　25mm 厚减量化 Q345B 金相组织（200×）

a—上表面；b—距上表面 1/4 处；c—心部

钢板表层到心部，冷却速度逐渐变小，珠光体组织比例逐渐降低，铁素体比例相对升高。此外，采用超快速冷却工艺，钢板在厚度方向上并未出现带状组织，消除了各向异性，有利于组织的均匀化。

利用 FEI Quanta 600 型扫描（SEM）电镜对钢板沿厚度方向不同区域的珠光体组织进行观察，如图 8-2 所示。结果表明，在板坯表面的珠光体区，渗碳体已经不再呈片层状排布，而是颗粒形式存在，并且尺寸非常细小，普

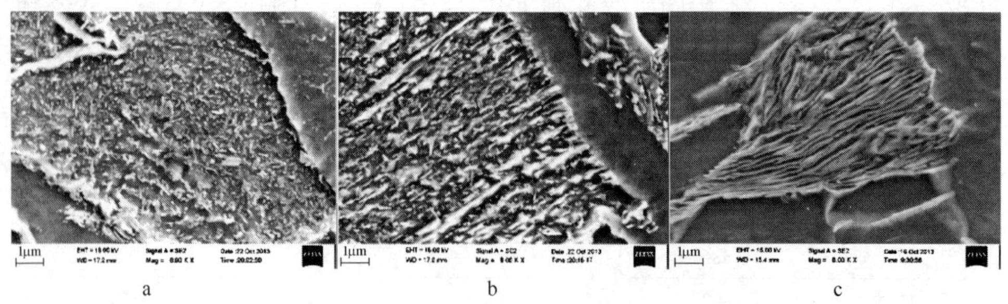

图 8-2　25mm 厚减量化 Q345B 扫描组织

a—上表面；b—距上表面 1/4 处；c—心部

遍小于 100nm，达到纳米级别，这样的组织将大大提高钢材的强度。

由于表面冷速大，过冷度更大，从而导致珠光体相变时相界面处自由能差增大。与此同时，碳原子的扩散系数随着温度的降低呈明显下降趋势，碳的扩散行为在超快速冷却条件下受到限制。因此，钢板表面在超高速冷却条件下，渗碳体不易生长成片层状，而是以纳米颗粒状的形式存在。扫描组织观察结果表明，退化珠光体中的渗碳体随着冷速的增加和终冷温度的下降，逐渐由片层状向纳米颗粒状转变。

图 8-3 为不同板厚 Q345 组织中退化珠光体区各个元素在电子探针下的面扫描图像。可以看出，在超快冷条件下，碳元素以纳米渗碳体颗粒的形式析出，而锰元素则在基体中充分固溶，分布均匀，无明显的偏聚现象。可以认为提高冷速对间隙元素碳的扩散起到了抑制的作用，导致渗碳体无法形成片层状结构而是以纳米颗粒的形式析出。对于置换元素锰而言，其扩散更加受到冷速的限制。因此，弱碳化物形成元素锰几乎完全溶解于基体中，起到了固溶强化的作用。该结论也与前文减量化成分设计的理论分析相一致。

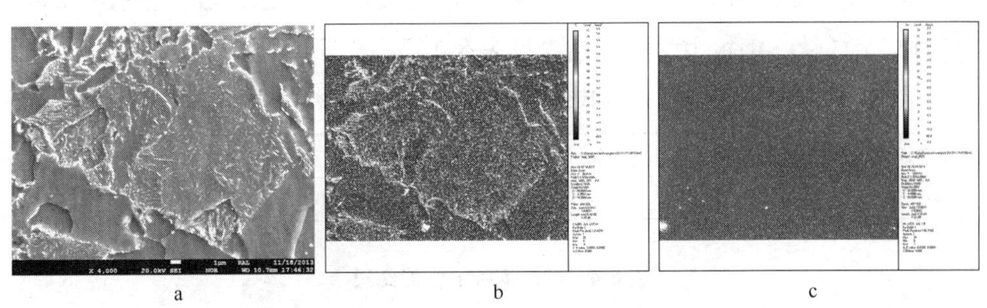

图 8-3 不同板厚 Q345 组织扫描图像

a—二次电子像；b—碳元素分布；c—锰元素分布

由 Q345B 工业试制的分析结果表明，利用超快速冷却技术完全可以实现 C-Mn 钢（Q345）减量化生产的工业目标，并且已经具备了批量化生产的理论基础和技术条件。图 8-4 给出了通过超快速冷却工艺批量生产减量化 Q345 钢的产品性能统计。由图可见，Q345 钢在各项性能的统计中都能稳定地达到性能要求，可以实现 Q345 减量化的工业生产目标。

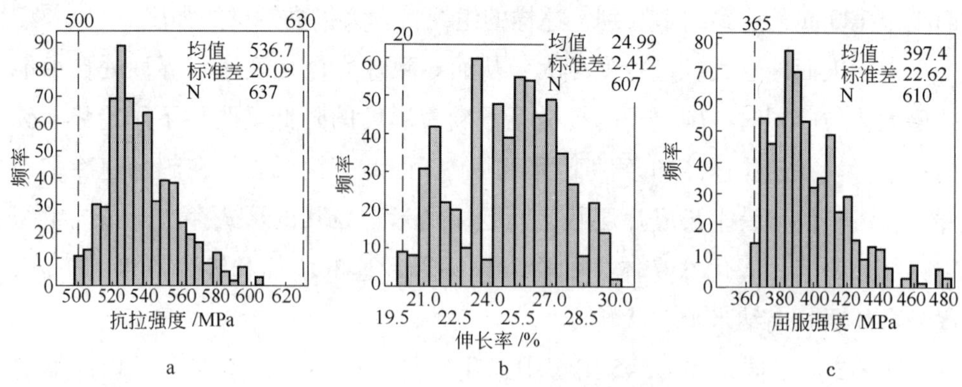

图 8-4 Q345 钢的各项性能正态分布

a—抗拉强度；b—伸长率；c—屈服强度

8.1.2 低成本 Q460q 系列产品工业试制

采用超快冷工艺试制的 40mm 厚 Q370q 钢板，当返红温度控制在 680℃时，强度能够达到 Q420qE 的标准要求；利用超快冷工艺试制的 28mm 厚 Q370q 钢板，返红温度控制在 680℃时，强度能够达到 Q460qE 的标准要求，当返红温度控制在 600℃时，强度能够达到 Q500qE 的标准要求。

实验使用 Q370qD-1 钢坯，所用钢坯成分如表 8-3 所示，成分含有 0.04%铌和 0.015%钛，钢板力学性能结果见表 8-4。

表 8-3 钢坯化学成分（质量分数,%）

化学成分	C	Si	Mn	P	S	Alt	V+Nb+Ti
平均值	0.15	0.26	1.50	0.015	0.003	0.036	适量

表 8-4 试制钢板的性能结果

厚度 /mm	冷却方式	返红温度 /℃	屈服强度 /MPa	抗拉强度 /MPa	伸长率 /%	冲击功 A_{KV}/J 0℃	冲击功 A_{KV}/J −20℃	冲击功 A_{KV}/J −40℃
40	UFC	680	450	590	23.5	199	189	167
28	UFC	680	500	610	25.0	207	203	196
28	UFC	600	547	652	20.8	239	219	198

8.1.3 低成本船板 AH36 的试制

低成本高强度船板的研发和工业试制首先围绕 AH32 升级为 AH36 展开，

其主要工艺特点是充分利用某厂冷却系统中的 UFC+ACC 冷却路径控制功能，在化学成分不变的前提下将原有 AH32 钢板升级为 AH36 钢板，该厂用于生产 AH32 船板的板坯化学成分如表 8-5 所示。

表 8-5 化学元素成分（质量分数,%）

钢 种	C	Si	Mn	P	S
AH32（AH36）	0.122	0.165	1.24	0.018	0.005

冷却工艺及规程如表 8-6 所示，其工艺要点：（1）终轧温度约为 940℃，以改善钢板的氧化铁皮，同时减少微合金元素的应变诱导析出，通过再结晶控轧实现晶粒细化；（2）精确控制 UFC 出口温度（约 720℃），该温度不宜过低，以免表面进入贝氏体/马氏体相变区，为此 UFC 冷却段需开启第 3 组和第 5 组喷嘴；（3）ACC 采用前段和后段两段水冷工艺，避免铁素体晶粒过度长大，促进铁素体相变中形成细小的析出相，为此，ACC 前段开启 3 组集管，后段开启 3 组集管，终冷温度控制区间为 600~650℃。

表 8-6 冷却工艺及规程

批号	终轧温度/℃	冷却方式	入水温度/℃	终冷温度/℃	规格/mm×mm
17480	940	UFC(2)+ACC(3+3)	840	617	22×2350

由图 8-5 可知，钢板厚向四分之一处的金相组织以准多边形铁素体为主，并伴随少量珠光体组织。采用新工艺后晶粒尺寸得到细化，钢板的中心偏析和带状组织得以降低。

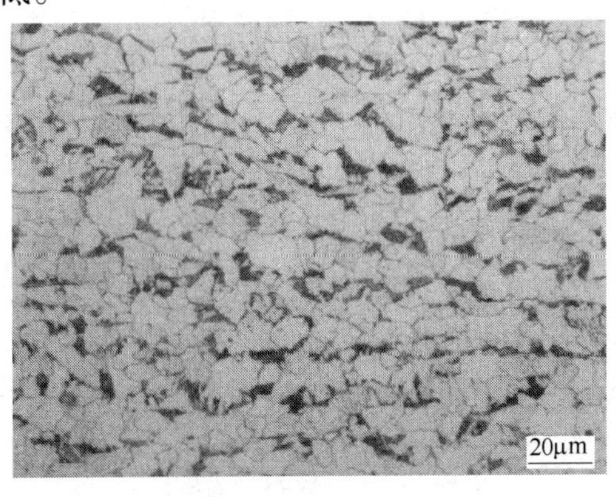

图 8-5 钢板厚向四分之一处的金相组织

由表8-7可知，实验钢的强度和塑性均能够满足AH36的标准要求，钢板的冲击功得到大幅提高，从34J提高到250J以上。

表8-7 实验钢力学性能

批号	屈服强度/MPa	抗拉强度/MPa	伸长率/%	0℃冲击功/J			
				1	2	3	平均
7480	391	506	29.5	251	257	262	257

采用UFC+ACC的冷却路径控制工艺进行低成本AH36的工业试制，合金元素钒含量由0.03%降低为0，合金元素铌含量由0.03%~0.04%降低至0.015%，初步核算吨钢节约成本90~110元。图8-6所示为合金元素的减量化。

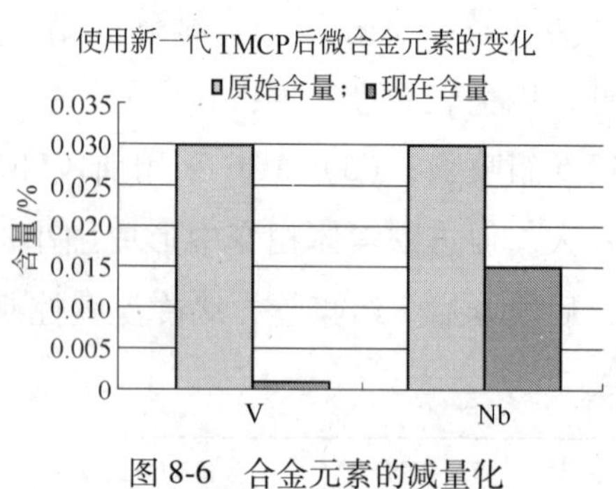

图8-6 合金元素的减量化

采用新一代TMCP工艺进行低成本AH36工业试制的分析结果表明：(1)新一代TMCP工艺下各项性能均满足AH36标准要求，低温冲击由34J提高到250J以上，得到大幅改善；(2)新工艺可大幅降低合金元素锰、钒和铌的含量，其中钒被彻底取消，铌减少到了原成分的一半以下，吨钢节约成本约100元；(3)终轧温度提高了120℃左右，生产效率得到大幅度提高；(4)通过工艺控制钢板表面氧化铁皮形成和分布，改善了最终产品的表面质量。

8.2 新一代TMCP工艺中UFC-B的应用

8.2.1 管线钢的超快冷工艺开发

8.2.1.1 海底管线钢X65的生产

海底管线是将海洋平台开采的天然气向陆地长距离输送的重要渠道，高强度、高韧性、易焊接性是海底管线用钢的基本要求，同时为满足海底管线的施工安全，海底管线还要求纵向强度性能指标。为满足这样的要求，海底管线用钢需采用低碳设计，以满足优良的焊接性和韧性要求，同时提高锰含量，结合铌微合金化处理保证管线钢的基本强度要求[78,79]。

在热轧方面采用控制轧制和控制冷却技术，以得到组织均匀的针状铁素体组织为目的，采用超快速冷却工艺取代传统加速冷却工艺，除保持产品的良好性能以外，超快速冷却独特的技术优势主要体现为两个方面：第一，终冷温度提高 100℃以上，生产效率大大提高；第二，板形合格率大幅提高，从 57%提高到 99%以上，产品成材率大幅提高。

采用传统 TMCP 工艺平均终轧温度为 765℃，平均开冷温度为 757℃，平均终冷温度为 460℃；采用以超快速冷却为核心的新一代 TMCP 工艺平均终轧温度为 765℃，平均开冷温度为 757℃，平均终冷温度为 570℃，终冷温度提高 100℃以上。

图 8-7 为钢板厚度方向上距表面四分之一处的金相组织，组织以针状铁素体为主，并含有少量珠光体和贝氏体组织。如表 8-8 所示，新一代 TMCP 工艺生产的产品各项性能良好。

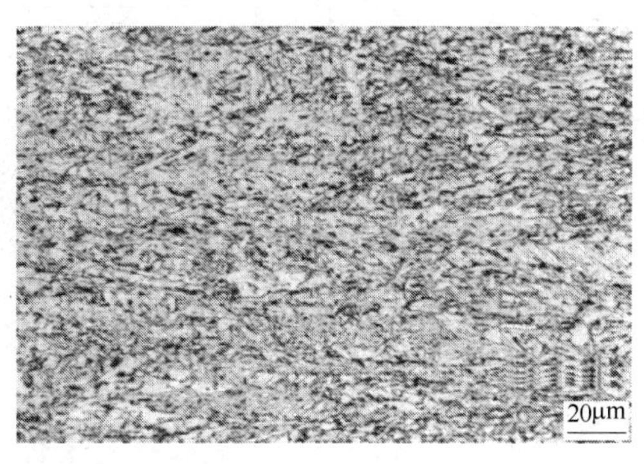

图 8-7 超快速冷却工艺下 X65 金相组织

表 8-8 实验钢力学性能

屈服强度 /MPa	抗拉强度 /MPa	伸长率 /%	屈强比	断面纤维率 平均结果值 /%	-25℃冲击功/J			
					1	2	3	平均
556	629	59	0.88	100	422	415	431	423

在化学成分和其他生产工艺不变的条件下，采用 UFC 冷却工艺代替 ACC 冷却工艺，钢板各项性能良好。同时，终冷温度提高 100℃以上，板形合格率从 57%提高到 99%以上，生产效率和成材率大大提高。

8.2.1.2 X70 低成本生产工艺

降低成本后稳定生产的 X70 管线钢性能统计如图 8-8 及表 8-9 所示，试制钢板的屈服强度、抗拉强度全部达到技术条件要求，屈强比完全满足要求且屈强比较低，伸长率远超出技术条件要求，冷弯性能良好，硬度合格，-10℃夏比冲击性能完全达到技术要求。

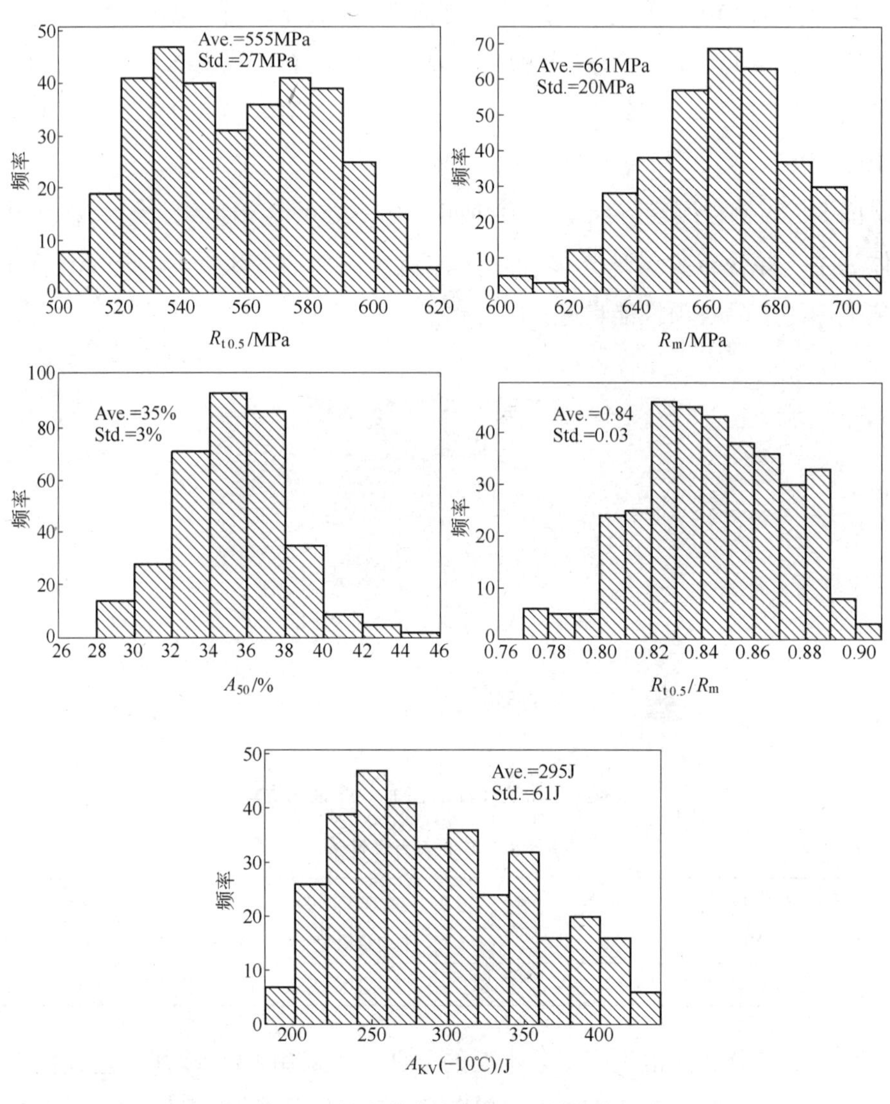

图 8-8 低成本成分体系下的性能分布

表 8-9 不同成分体系下对应的工艺和性能

编号	成分体系	冷却制度	终轧温度/℃	终冷温度/℃	冷速/℃ · s^{-1}
1	含 V（0.06Nb+0.3Cr+0.045V）	ACC	810	505	18
2	无 V（0.06Nb+0.3Cr）	UFC	820	570	30
3	无 V 降 Cr（0.06Nb+0.2Cr）	UFC	820	560	30
4	无 V 无 Cr（0.06Nb）	UFC	820	550	30

采用低成本化的设计思路，利用铌微合金化成分体系生产 17.5mm X70 管线钢，性能统计结果如图 8-9 所示，减量化设计中取消了钒和铬元素的添加。

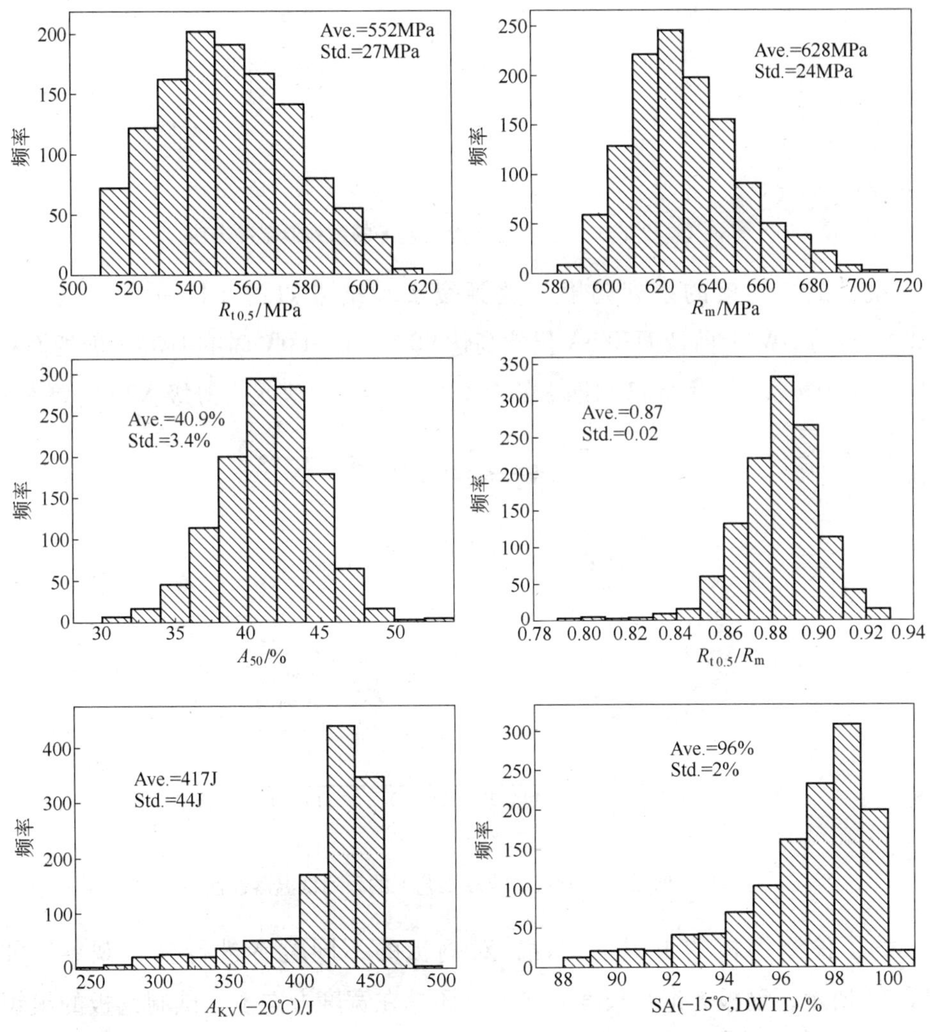

图 8-9 低成本 X70 级超快冷工艺下的性能分布

批量试制钢板的系列温度夏比冲击功如图8-10所示，-60℃低温冲击功仍然高达150J，剪切面积SA高于75%，因此试制钢板的夏比冲击韧脆转变温度低于-60℃，满足X70的要求。

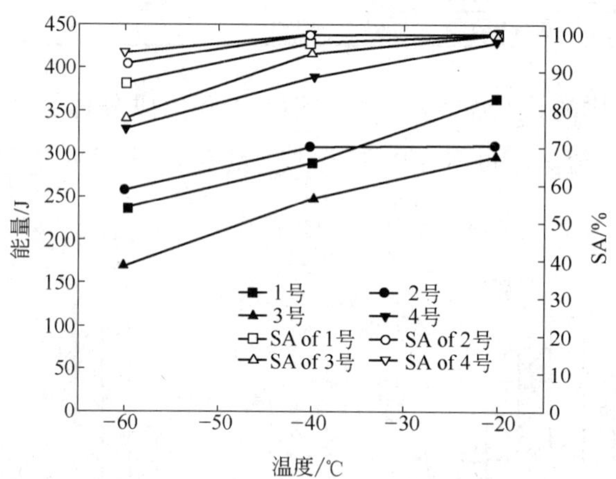

图8-10 低成本X70级超快冷工艺下的系列低温冲击功

批量试制钢板的系列温度落锤撕裂实验结果如图8-11所示，钢板在-40℃时的DWTT剪切面积SA仍然高达90%，在-60℃时的DWTT剪切面积SA可达50%以上，因此试制钢板的DWTT性能可以满足高等级X70的要求。

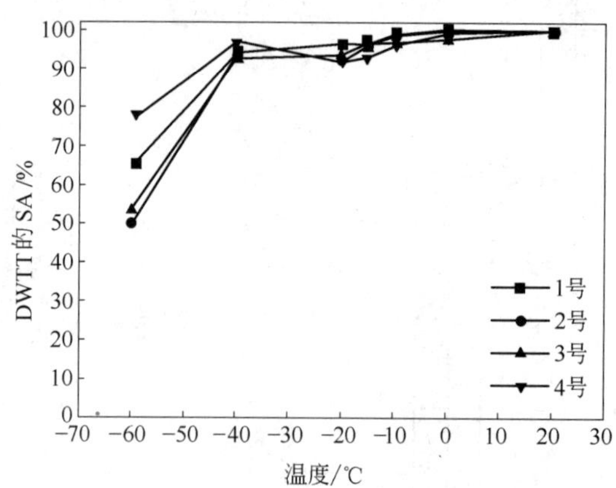

图8-11 低成本X70级超快冷工艺下的系列低温落锤性能

为了检测钢板的组织均匀性，对钢板的不同位置进行金相观察，如图8-12所示，钢板无论在长度方向上，还是在宽度方向上，试制钢板的组织均匀，均为AF+F（少），铁素体晶粒度为12.5~13级，同时钢质纯净，夹杂物含量低，满足 X70 要求。

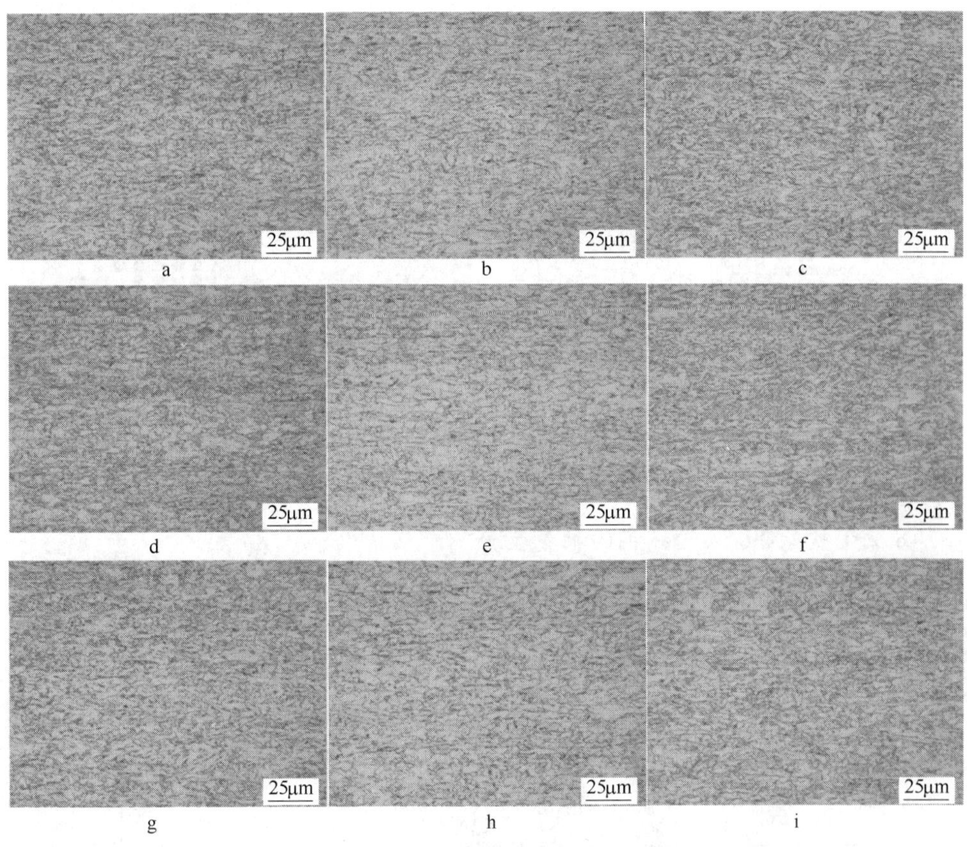

图 8-12 不同位置的金相组织

a—头部宽向左 1/4；b—头部宽向 1/2；c—头部宽向右 1/4；d—中部宽向左 1/4；e—中部宽向 1/2；f—中部宽向右 1/4；g—尾部宽向左 1/4；h—尾部宽向 1/2；i—尾部宽向右 1/4

从以上分析可以看出，采用 UFC 和 ACC 工艺的产品综合性能相当，但采用 UFC 工艺后，终冷温度较 ACC 工艺高出 40℃，冷后板材合格率优良，在生产执行和降低成本方面，超快冷具有明显优势。

试制钢板在万基钢管（秦皇岛）有限公司进行制管，经过工艺优化后的钢板制管前后的屈服强度、抗拉强度和屈强比的统计数据如图 8-13 所示，制管后钢管屈服强度降低约 25MPa，抗拉强度提高约 5MPa，屈强比远低于 0.90，因此试制钢板的屈服强度应设定为 510MPa，虽然由于出现了一定的包辛格效应，制管后管体屈服强度有所降低，但仍很好地满足 X70 钢级的强度要求。

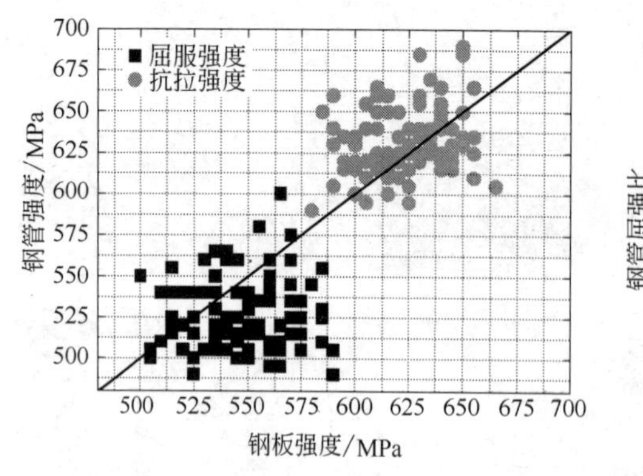

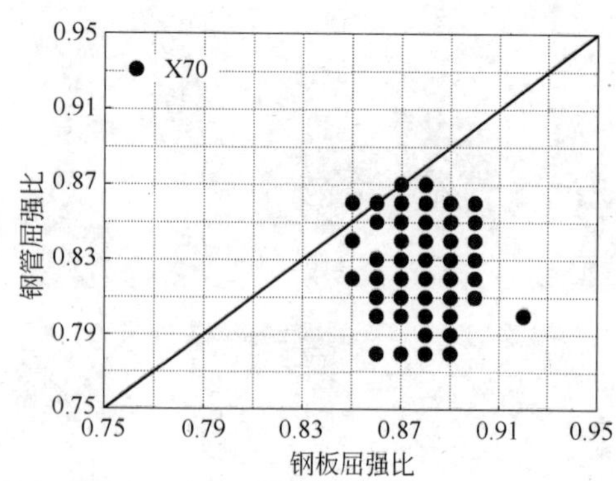

图 8-13　制管前后钢板拉伸性能的变化

8.2.1.3　X80 级管线钢的批量生产

结合中贵线、中缅线 18.4mm X80 管线钢，根据其性能质量要求，进行成分-工艺优化，18.4mm X80 的性能质量要求如表 8-10 所示。

表 8-10　X80 管线钢的性能质量要求

厚度/mm	屈服强度/MPa	抗拉强度/MPa	屈强比	冲击性能		落锤性能	
				温度/℃	要求	温度/℃	要求
18.4	530~670	625~825	≤0.92	-20	单值≥160J 均值≥190J	-15	均值≥85%

18.4mm X80 管线钢的化学成分优化方案为“提 C，去 Ni，去 Cu”，镍含量降低 0.2%，铜含量降低 0.2%，并优化 TMCP 工艺。适当提高碳含量，能够在不损害韧性的前提下提高强度，弥补合金含量减少所造成的强度损失。

把超快冷技术应用于 20mm 以下规格的 X80 管线钢上，针对 15.8mm X80，采用超快冷后，铜含量由 0.20%降低至 0.10%，而对于 18.4mm 管线钢，镍含量由 0.15%降低至 0.10%。2011 年 8 月后进行了工艺优化，取消镍的使用。

在工艺上采用高温终轧+超快速冷却技术，利用高温控轧+超快速冷却技术，提升细晶强化效果，形成细小的针状铁素体+少量马奥岛（M/A）组织，提高了 18.4mm X80 的力学性能。统计成分-工艺优化后所生产的 18.4mm X80 管线钢的力学性能和制管后的力学性能如图 8-14、图 8-15 所示。

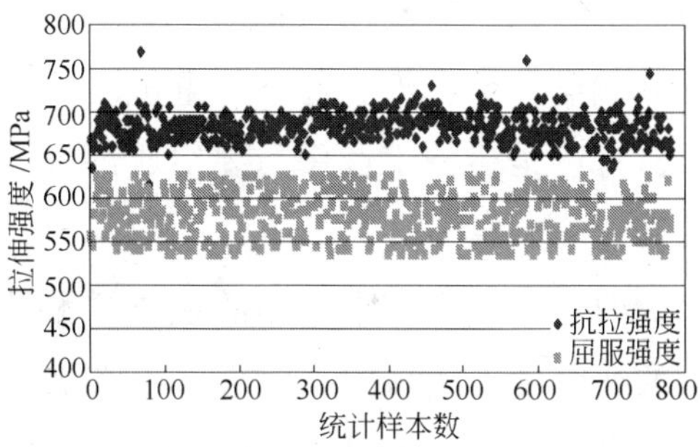

图 8-14　18.4mm X80 钢板的力学性能统计结果

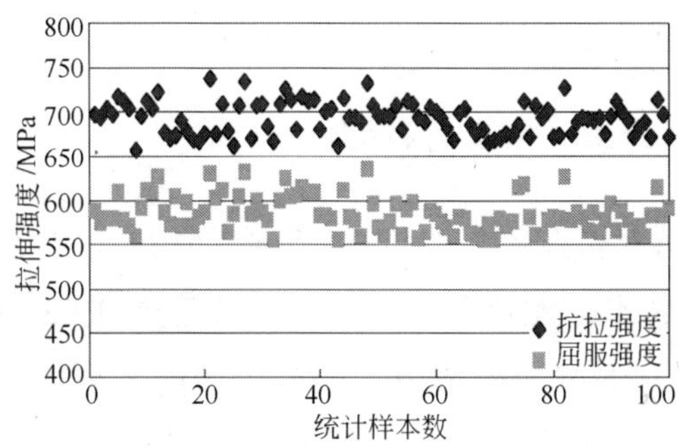

图 8-15　18.4mm X80 钢板制管后的力学性能统计结果

由图 8-14 可知，18.4mm X80 钢板经过成分和工艺优化后，屈服强度平均值为 578.4MPa，抗拉强度平均值为 682.5MPa，屈强比平均值为 0.847，力学性能满足标准要求。

如图 8-15 所示，18.4mm X80 管线钢经过制管后，力学性能满足标准要求，屈服强度平均值为 584.5MPa，抗拉强度平均值为 692.7MPa，屈强比平均值为 0.844。从平均值来看，钢管比钢板提高 6.1MPa，抗拉强度上升 10.2MPa，经焊接后，性能优良，完全能够满足用户要求。

综上所述，18.4mm X80 管线钢，经过成分-工艺优化，合金成本大幅下降，钢板力学性能稳定，经过制管后钢管性能满足标准要求，焊接性能优良，18.4mm X80 钢管屈服强度富余量在 30MPa 左右，基本实现了产品质量的合理化、稳定化控制。

8.2.2 工程机械用钢的超快冷工艺开发

工程机械，是指矿山开采和各类工程施工用设施，是钻机、电铲、电动轮翻斗车、挖掘机、装载机、推土机、各类起重机以及煤矿液压支架等机械设备的总称。工程机械行业是机械工业中重要组成部分，也是机械工业中最年轻、发展最迅速的行业[80]。

低合金高强度钢板的开发与生产中采用的主要技术是先进的冶炼与炉外处理工艺，以保证钢的纯净度，随后根据钢板所生产部件的要求及厚度要求等不同情况，分别采用控轧控冷和热处理（含轧后直接淬火）等不同的工艺，其突出特点是在保证钢板性能的同时，尽量减少钢中合金元素的种类和数量并节约能源，最终达到提高生产率的目的[81~83]。

8.2.2.1 Q550 的工业化试制和生产

根据现场生产情况，在原来 Q550D 化学成分的基础上，采用减量化的成分设计，降低合金成本，元素铌由 0.058%降低至 0.035%。表 8-11 为使用 UFC 工艺试制 Q550D 的减量化成分，减量化后的成分中基本不添加钼元素，主要依靠铌和硼元素实现强化，此外微量钛的添加可以固化氮，形成钛的碳氮化物，有一定的强化作用。

表 8-11 UFC 工艺下 Q550D 钢板减量化后的成分（质量百分比,%）

名 称	C	Mn	P	S	Si	其他元素
含 量	0.06	1.65	0.013	0.001	0.253	

根据减量化后的成分设计，对 Q550D 坯料开展工业试制。首先加热至 1180℃，然后采用两阶段轧制工艺，终轧温度为 850℃，最终采用 UFC 工艺冷却至 396℃。对 Q550D 工业化试制产品进行力学性能检测，结果如表 8-12 所示。由表可见，实验钢的屈服强度、抗拉强度、断后伸长率、冲击功均能满足 Q550 级性能要求，且强度富余量很大。

表 8-12 Q550D 的力学性能

板坯钢种	厚度/mm	屈服强度/MPa	抗拉强度/MPa	伸长率/%	冲击功/J
Q550D	25	669	746	33	267

为了比较轧后钢板厚度方向上组织差异，沿钢板厚度方向在钢板上表面、距上表面 1/4 处、心部 3 个位置截取金相试样，经研磨、抛光和腐蚀后，在 LEICA DM 2500M 图像分析仪上进行显微组织观测。图 8-16 为 25mm 厚 Q550D 的金相组织图像。

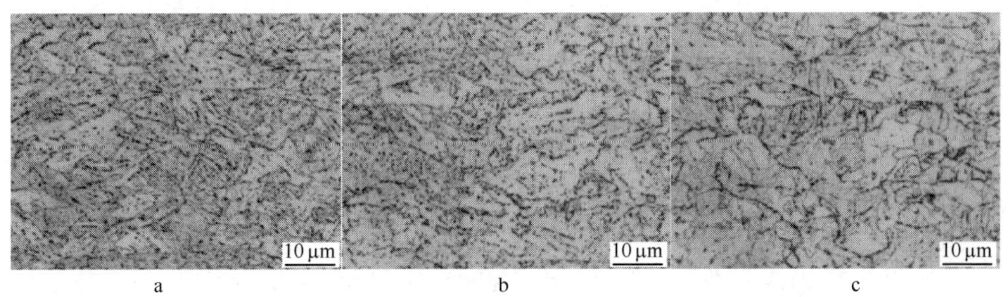

图 8-16　25mm 厚 Q550D 的金相组织（1000×）

a—上表面；b—距上表面 1/4 处；c—心部

由图 8-16 可以看出，经超快速冷却工艺的 Q550D 组织主要由板条贝氏体和粒状贝氏体组成。从板坯心部到表面，随着冷却速度的增加，板条贝氏体逐渐增多，而粒状贝氏体比例逐渐缩小。

利用 FEI Quanta 600 型扫描（SEM）电镜对 Q550D 的组织进行观察，图 8-17 给出了板坯厚度为 25mm 的 Q550D 钢在厚度方向上的扫描组织。由图可见，在超快速冷却条件下，板坯在厚度方向上的组织为单一的贝氏体，组织均匀。从心部到表面，随着冷速的不断提高，显微组织由粒状贝氏体向板条贝氏体转变。

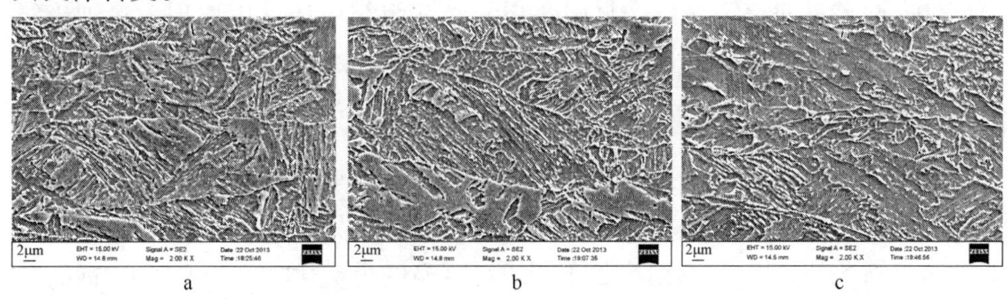

图 8-17　25mm 厚减量化 Q550D 扫描组织

a—上表面；b—距上表面 1/4 处；c—心部

对低碳高强钢来说，采取合理化控制轧制与控制冷却工艺可以有效地控制奥氏体的组织形态及相变过程，能够得到以板条状贝氏体为主的组织，且板条束相互截断，板条束长度和宽度受到限制，通过交错的贝氏体板条束可以有效提高钢板的性能。

粒状贝氏体的形成温度一般介于板条贝氏体形成温度和贝氏体最高转变温度（B_s 点）之间，其组织特征是在大块状或针状铁素体内分布着一些颗粒状小岛，这些小岛在高温下为富碳奥氏体区，在冷却过程中由于冷却条件和奥氏体稳定性不同，既可以分解为铁素体和碳化物，形成珠光体，又可以转变为马氏体，还可以以残余奥氏体的形式保留下来。

如图 8-18 所示，利用 TECNAI-G220F 透射电镜对试制 Q550D 的试样进行观察，进一步分析超快速冷却条件下钢中贝氏体的组织形貌。

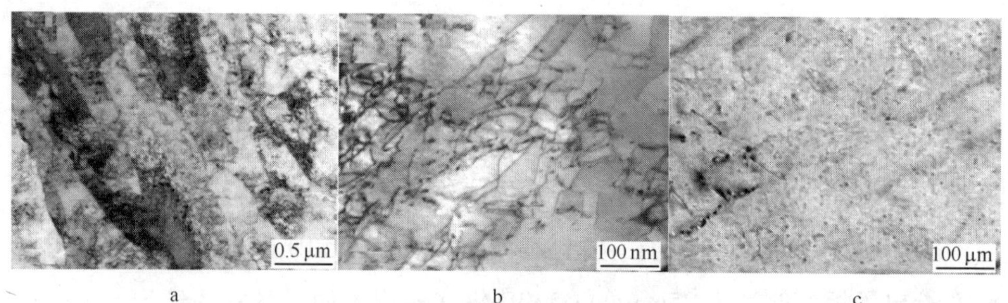

a b c

图 8-18 25mm 厚减量化 Q550D 透射组织

a—板条结构；b—位错分布；c—颗粒析出

贝氏体的板条结构非常细小，板条宽度约 500nm（见图 8-18a）；在贝氏体内部，有大量的位错存在（见图 8-18b）；在组织中还可以发现大量纳米级的微合金碳氮化物析出（见图 8-18c）。这些组织结构都对材料起到强化作用，有利于提高钢板强度。

Q550D 的工业试制结果表明，采用超快速冷却技术完全可以实现 Q550 钢减量化生产的工业目标，并且具备批量化生产的理论基础、技术条件和试制经验。图 8-19、图 8-20 给出了不同厚度规格的批量化生产的 Q550D 钢的产品性能统计。

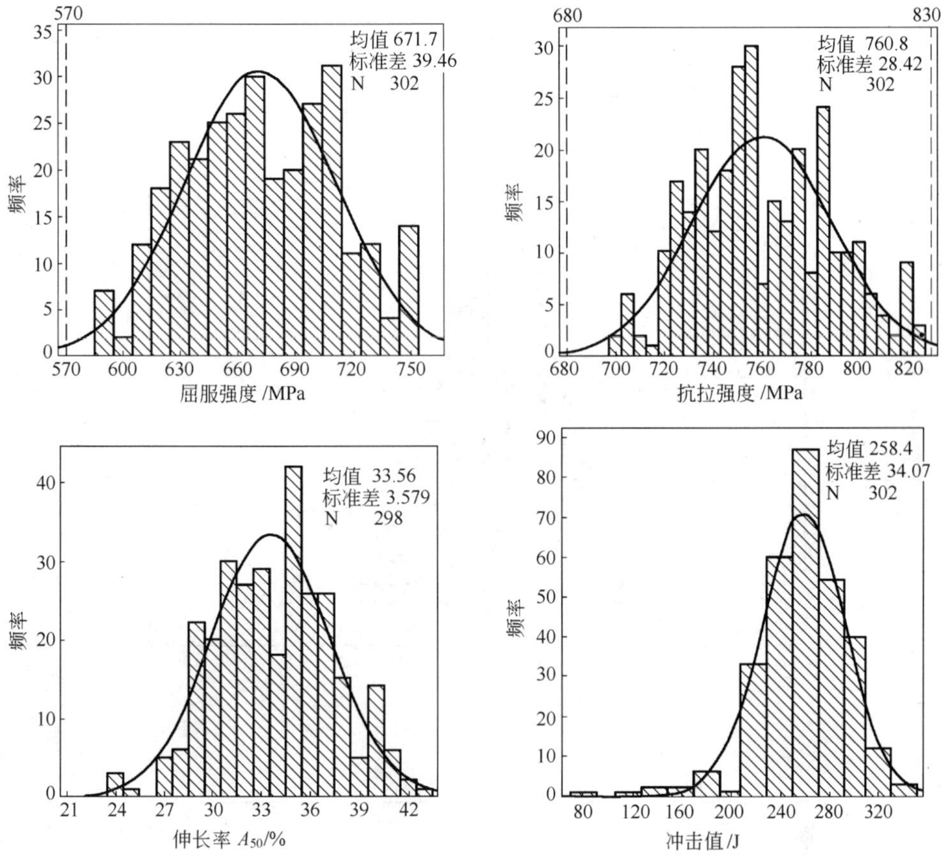

均值 671.7
标准差 39.46
N 302
频率
屈服强度 /MPa

均值 760.8
标准差 28.42
N 302
频率
抗拉强度 /MPa

均值 33.56
标准差 3.579
N 298
频率
伸长率 A_{50}/%

均值 258.4
标准差 34.07
N 302
频率
冲击值 /J

图 8-19 25mm 厚 Q550D 钢的各项性能正态分布

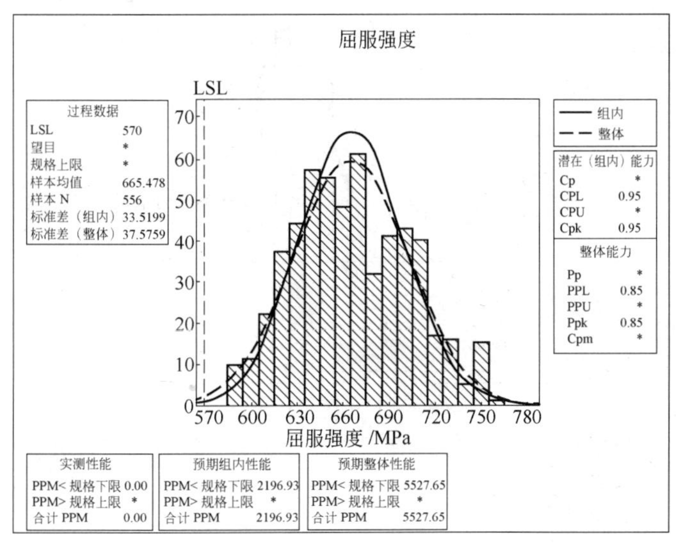

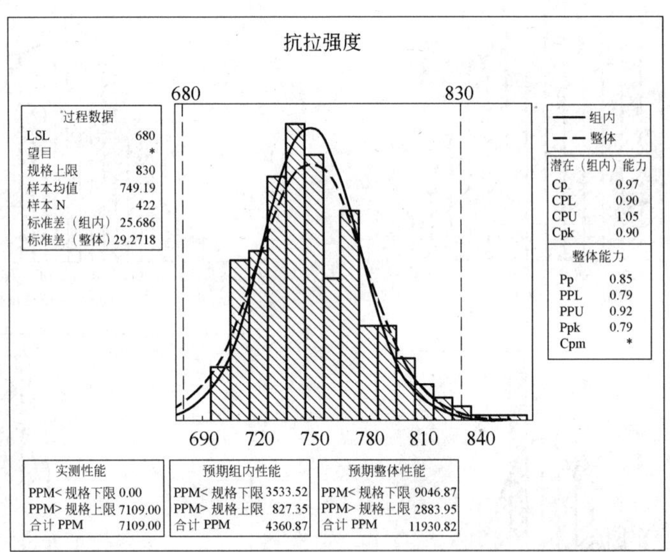
抗拉强度
过程数据
LSL 680
望目 *
规格上限 830
样本均值 749.19
样本N 422
标准差（组内） 25.686
标准差（整体） 29.2718
680
830
690 720 750 780 810 840
组内
整体
潜在（组内）能力
Cp 0.97
CPL 0.90
CPU 1.05
Cpk 0.90
整体能力
Pp 0.85
PPL 0.79
PPU 0.92
Ppk 0.79
Cpm *
实测性能
PPM< 规格下限 0.00
PPM> 规格上限 7109.00
合计 PPM 7109.00
预期组内性能
PPM< 规格下限 3533.52
PPM> 规格上限 827.35
合计 PPM 4360.87
预期整体性能
PPM< 规格下限 9046.87
PPM> 规格上限 2883.95
合计 PPM 11930.82

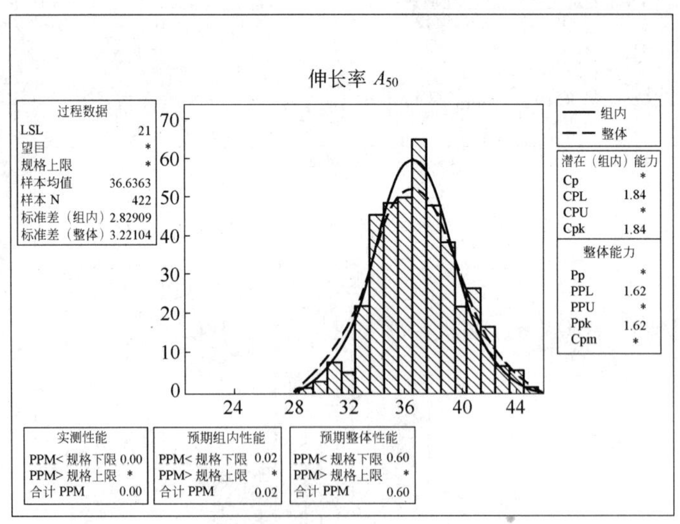
伸长率 A50
过程数据
LSL 21
望目 *
规格上限 *
样本均值 36.6363
样本N 422
标准差（组内） 2.82909
标准差（整体） 3.22104
70
60
50
40
30
20
10
0
24 28 32 36 40 44
组内
整体
潜在（组内）能力
Cp *
CPL 1.84
CPU *
Cpk 1.84
整体能力
Pp *
PPL 1.62
PPU *
Ppk 1.62
Cpm *
实测性能
PPM< 规格下限 0.00
PPM> 规格上限 *
合计 PPM 0.00
预期组内性能
PPM< 规格下限 0.02
PPM> 规格上限 *
合计 PPM 0.02
预期整体性能
PPM< 规格下限 0.60
PPM> 规格上限 *
合计 PPM 0.60

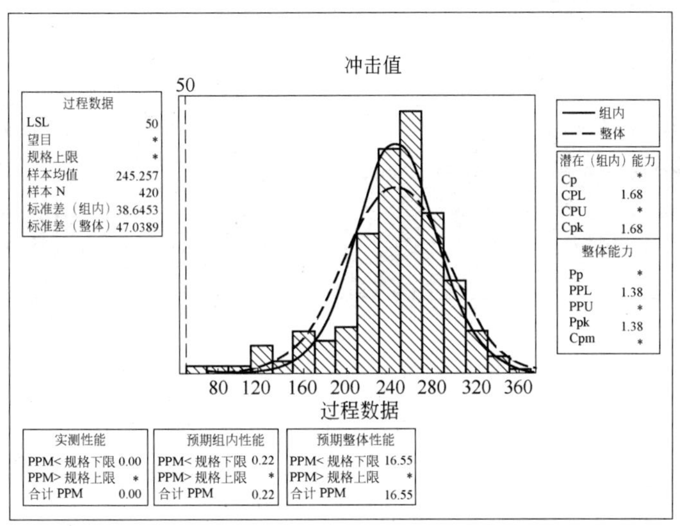

图 8-20　30mm 厚 Q550D 钢的各项性能正态分布

8.2.2.2　Q690 的工业化试制和生产

根据生产线实际的生产情况，在原来 Q690D 化学成分的基础上，采用减量化成分设计，使用 0.045%的铌元素，取消钼元素的使用。表 8-13 列出了使用 UFC 工艺试制的 Q690D 的减量化成分，减量化后的成分中基本不添加钼元素，主要靠铌和硼元素实现强化。

根据减量化后的成分设计，对 Q550D 的坯料开展工业试制。首先加热至 1180℃，然后进行两阶段轧制工艺，终轧温度为 850℃，在此基础上采用 DQ 工艺冷却至 200℃。Q690D 钢板在交货前需要采用回火处理，回火温度为 605℃，保温时间为 20min，回火后矫直温度为 500℃。

对 Q690D 工业化试制产品进行力学性能检测，结果如表 8-13 所示。

表 8-13　Q690D 的力学性能

板坯钢种	厚度/mm	屈服强度/MPa	抗拉强度/MPa	A_{50}/%	冲击功值/J
Q690D-2	25	765	819	40	160

实验钢的屈服强度、抗拉强度、断后伸长率、冲击功均能满足 Q690 级别的性能要求，且强度富余量很大。

利用 FEI Quanta 600 型扫描（SEM）电镜对 25mm 厚 Q690D 的热轧态组织进行观察，观察结果如图 8-21 所示。

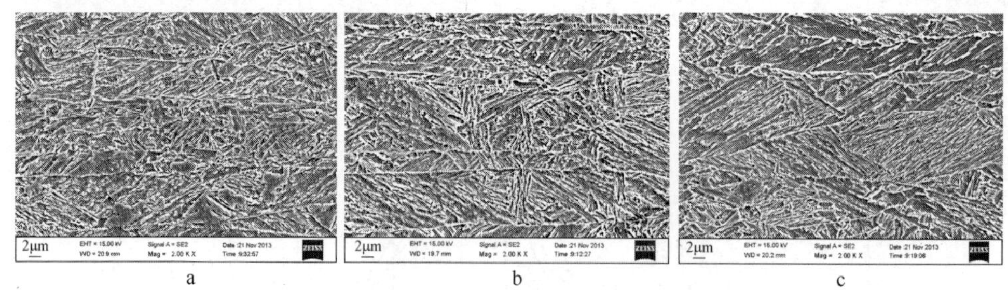

图 8-21　25mm 厚 Q690D 的热轧态扫描组织

a—上表面；b—距上表面 1/4 处；c—心部

从图 8-21 的组织形貌可以看出，Q690D 在超快速冷却条件下的组织为均一的板条贝氏体，在板条间隙中有少量颗粒状 M/A 岛。从板坯心部到表面，随着冷却速度的增加，贝氏体板条间距得到明显细化。

Q690D 和 30mm 厚以上 Q550D 的热轧钢板在交货之前都要进行回火热处理，目前回火是工程机械用钢在使用前的一项常规工序。很多造船厂、机械厂在购买钢板时都要求钢板为回火态。在快速冷却条件下，钢板内部容易产生大量应力残留，如果不进行热处理消除内应力，钢板在后续的切割、焊接等加工过程中极有可能发生变形。此外，回火能够改善焊接母材的各项性能，降低焊缝的裂纹敏感性，为实际焊接提供便利条件[84]。

沿 Q690D 钢板厚度方向选取表面、厚度 1/4 处、心部 3 个位置，在 LEICA DM 2500M 金相显微镜下对 Q690D 回火态组织进行观察，如图 8-22 所示。

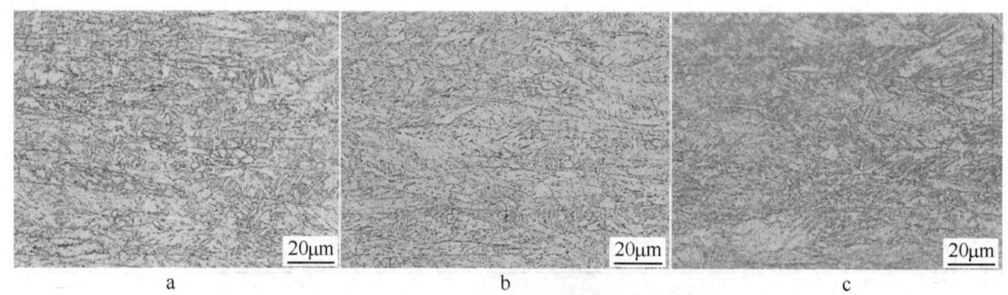

图 8-22　25mm 厚 Q690D 的回火态金相组织

a—上表面；b—距上表面 1/4 处；c—心部

从图 8-22 的组织形貌可以看出，经过超快速冷却后的 Q690D 回火态组织为板条贝氏体和粒状贝氏体，组织分布较为均匀，厚度上的差异并不明显。

利用扫描电镜对 Q690D 回火组织进行进一步观察，其结果如图 8-23 所示，回火处理后的组织中依然存在大量板条贝氏体，不过板条轮廓变得模糊，部分板条束已经断开，有向粒状贝氏体转变的趋势。

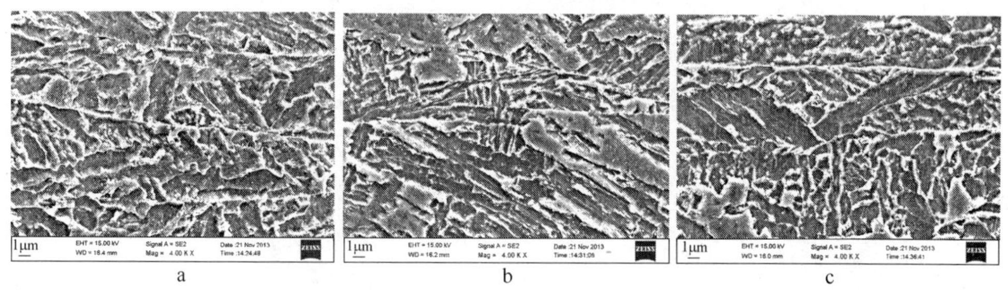

图 8-23　25mm 厚减量化 Q690D 回火态的扫描组织

a—上表面；b—距上表面 1/4 处；c—心部

如图 8-24 所示，利用透射电镜对试制 Q690D 钢板的试样进行观察，进一步分析在回火状态下 Q690D 钢中贝氏体的组织形貌。回火后的 Q690D 钢组织中有非常细小的贝氏体板条结构（见图 8-24a）；在贝氏体内部，存在大量的位错和纳米级颗粒析出物（见图 8-24b 和图 8-24c），对析出物进行能谱分析如图 8-25 所示，确定第二相颗粒为铌的析出物。

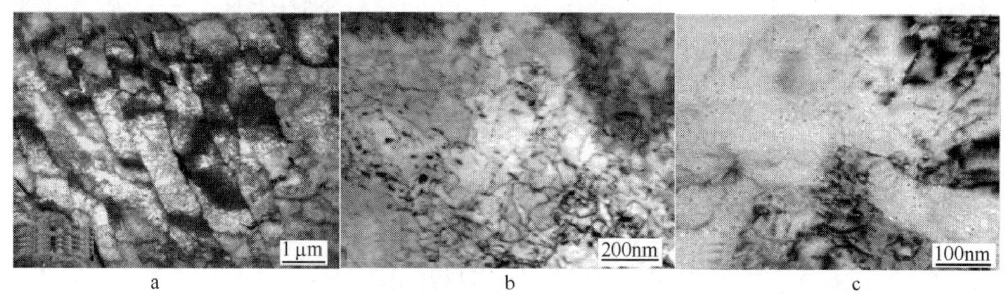

图 8-24　25mm 厚减量化 Q690D 回火态的透射组织

a—上表面；b—距上表面 1/4 处；c—心部

在回火过程中，固溶在基体中的铌元素会在保温过程中逐渐析出，与基体中的碳、氮元素结合形成铌的碳氮化物，以细小析出物的形态弥散的分布在基体组织中。回火时间对于钢板的力学性能的调整影响很大：回火时间过短，起不到消除内应力，强化析出的作用；回火时间过长，会导致组织软化

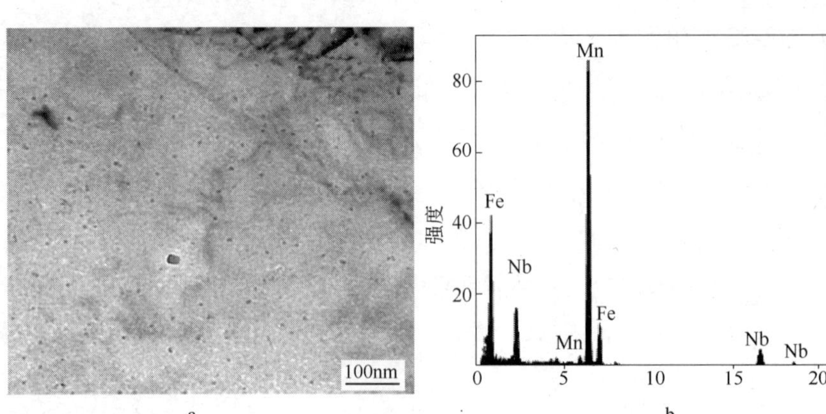

a　　　　　　　　　　b

图 8-25　Q690D 回火态组织中析出物的能谱分析

严重，板条贝氏体不断分解，抵消 UFC 对强度的强化效果。

通过 Q690D 的工业试制，采用超快速冷却技术完全可以实现 Q690D 减量化生产的工业目标，并且具备批量化生产的理论基础、技术条件和试制经验。图 8-26 和图 8-27 给出了现场批量化生产 Q690D 的产品性能统计数据。

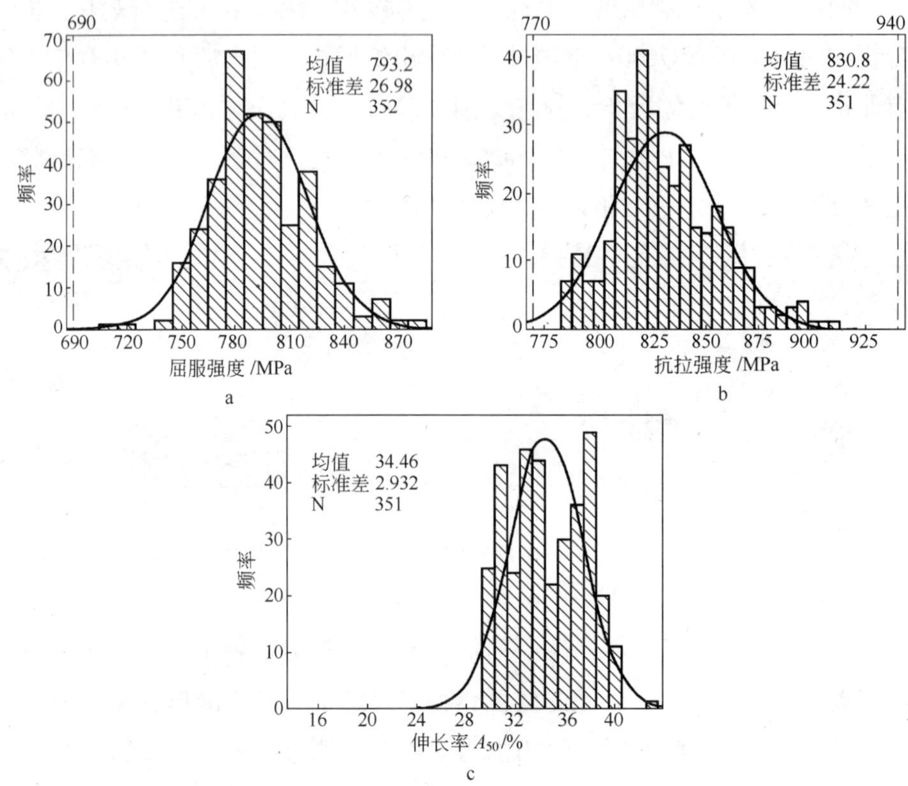

a　　　　　　　　　　b

c

图 8-26　18mm 厚 Q690D 钢的各项性能正态分布

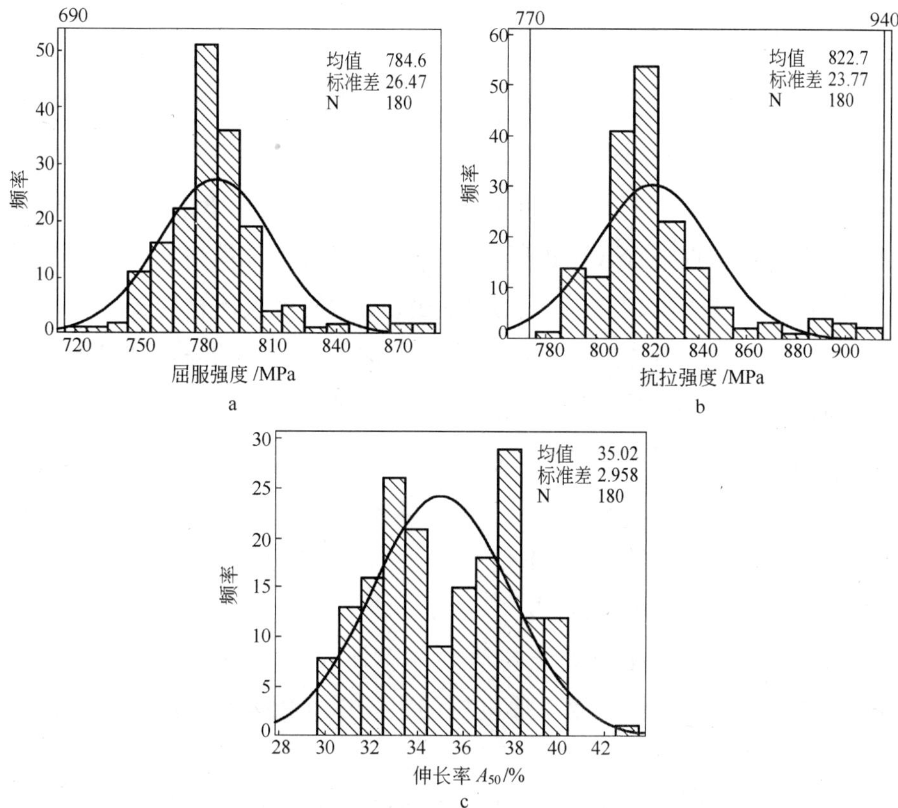

图 8-27 25mm 厚 Q690D 钢的各项性能正态分布

8.2.3 水电钢的超快冷工艺开发

钼、镍等合金元素十分昂贵，某钢厂中厚板厂采用传统 TMCP 工艺+离线淬火+回火工艺进行 AY610D 生产时，钢板中需要添加大量的钼、镍等合金元素，并且存在板形差、性能富余量小、产品合格率低的缺点。为降低生产成本，该厂利用 ADCOS-PM 系统中的超快冷和层流冷却装置联合使用时的直接淬火功能，采用控制轧制+直接淬火+回火工艺取代原有生产工艺，进行 AY610D 合金成分和生产工序的减量化，取得了理想的效果。

采用新一代 TMCP 工艺生产 AY610D 石油储罐钢板的化学成分如表 8-14 所示。在性能保持不变的前提下，镍元素由 0.21%降低至 0.09%，钼元素由 0.27%降低到 0.12%。

表 8-14 AY610D 元素成分（质量分数,%）

名称	C	Si	Mn	P	S	其他元素
含量	0.0700	0.2600	1.5300	0.0100	0.0020	

采用控制轧制+直接淬火+回火工艺进行 AY610D 的生产，平均终轧温度一般控制在 808℃，开冷平均温度为 784℃，终冷温度为 303℃。在奥氏体未再结晶区对高淬透性 AY610D 进行强化淬火，将会出现提高强度，改善韧性的过冷奥氏体形变热处理效果，这是因为热处理使奥氏体相变成含有高位错密度的微细马氏体，具体解释为：(1) 由于加工硬化后的未再结晶奥氏体包含有大量的晶体缺陷，如位错、变形带等，使得相变后的马氏体板条和包块组织得到细化，从而提高了韧性；(2) 加工硬化奥氏体相变后产生的马氏体板条中含有大量高密度位错，位错的强化效果明显提高了强度；(3) 含有大量晶体缺陷的板条贝氏体/马氏体在回火后析出微细的合金碳化物，起到了沉淀强化的作用，从而提高了强度[85,86]。

直接淬火后的金相组织如图 8-28 所示，回火后的金相组织如图 8-29 所示。由图可知，淬火后钢板各个厚度层的组织以马氏体和贝氏体为主，回火后钢板组织分布较为均匀。

AY610D 的产品性能如表 8-15 所示，钢板各项性能均达到标准要求。以在线淬火+离线回火工艺代替离线淬火+离线回火工艺，吨钢节约成本约 323 元；降低合金元素的使用量，其中镍元素使用量降低 57%，钼元素使用量降低 56%，吨钢节约成本约 586 元，吨钢累积降低成本约 909 元。

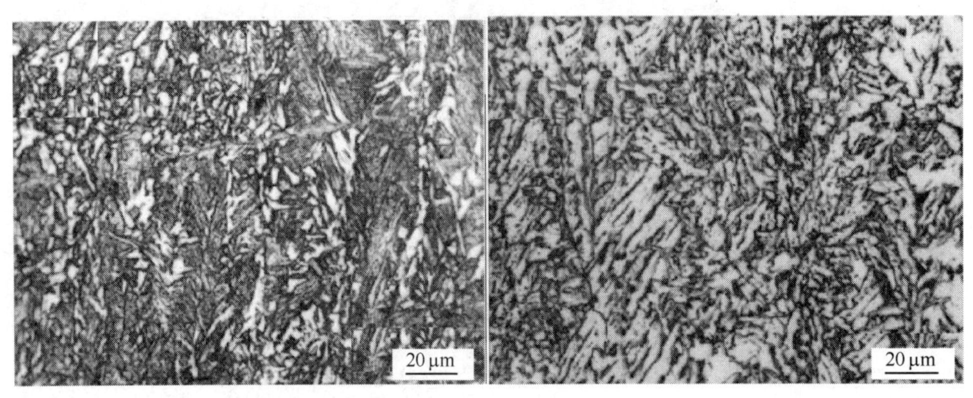

a　　b

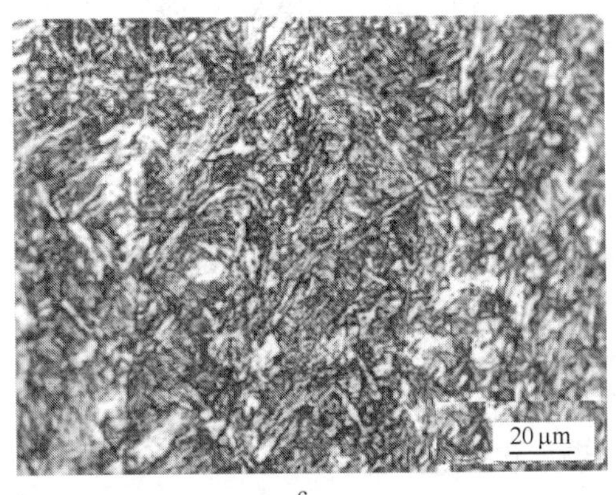

c

图 8-28 AY610D 淬火后金相组织

a—上表面；b—距上表面 1/4 处；c—心部

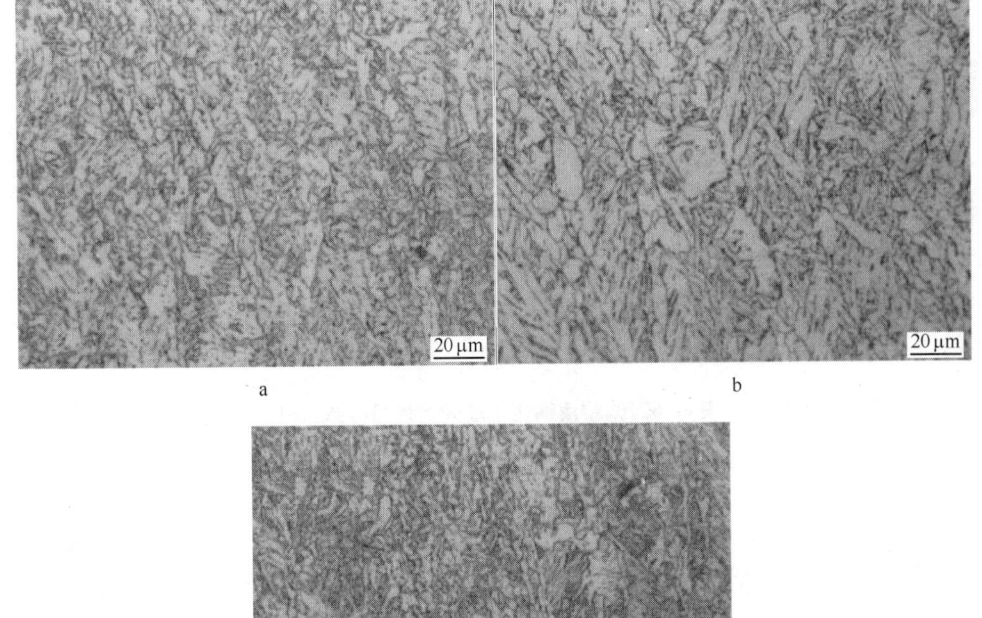

a b

20 μm

c

图 8-29 AY610D 回火后金相组织

a—上表面；b—距上表面 1/4 处；c—心部

表 8-15 DQ 与回火处理性能对比

工艺	钢号	规格/mm	屈服强度/MPa	抗拉强度/MPa	A/%	冷弯(180°，$d=3a$)	-20℃冲击功/J		
DQ	AY610D	48	586	664	24	合格	330	340	350
回火	AY610D	48	559	656	25	合格	333	241	318

8.2.4 储罐用钢的超快冷工艺开发

国家石油战略储备对于维护能源安全和国家安全有着重大意义。12MnNiVR（08MnNiVR）钢是某厂针对国家油库储备基地的建设需求，研制开发的既满足大线能量（50～100kJ/cm）焊接又具有低焊接裂纹敏感性（P_{cm}≤0.20%）的储罐用钢。12MnNiVR（08MnNiVR）（-SR）钢采用低碳贝氏体 Mn-Mo-Nb 合金设计，该厂利用轧后先进冷却装置，采用新一代 TMCP 工艺+离线回火处理的方式实现了厚度为 12～32mm 产品的生产和供货，该工艺既保证钢板性能又降低了生产成本，缩短了生产周期。

试验钢的化学成分如表 8-16 所示。试验采用新一代 TMCP 工艺+离线回火处理的方式，终轧温度为 780℃，终冷温度在 300℃以下，回火温度为 620℃，以“3min/mm”来确定回火时间。

表 8-16 试验用钢化学成分（质量分数,%）

牌 号	C	Si	Mn	P	S	其他元素
08MnNiVR	0.07	0.30	1.53	0.008	0.001	

消除应力处理：以低于 160℃/h 的升温速度将试样升温到（585±15）℃，保温 160min，然后以低于 210℃/h 的降温速度降温到 300℃，然后自然冷却到室温。在试样降至室温后重复以上处理制度一次，即进行两次消应力处理。

如图 8-30 所示的显微组织观察结果表明，回火态钢板均为回火索氏体组织。

产品的各项性能如表 8-17 所示，满足供货标准需求。

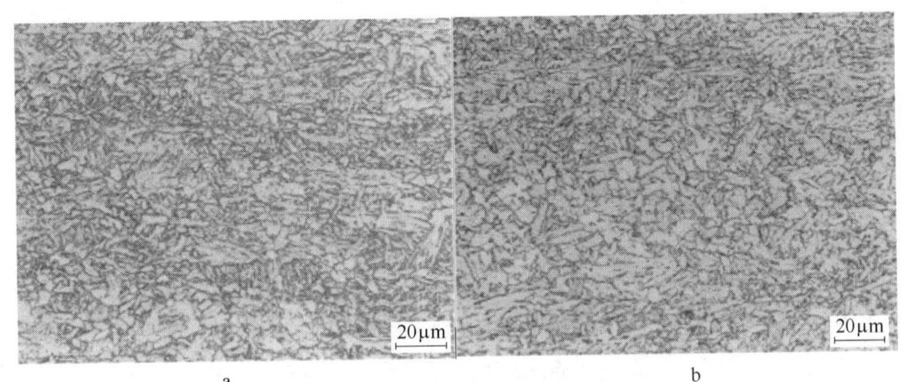

图 8-30 金相组织

a—回火态；b—两次 SR（585℃）处理后

表 8-17 石油储备罐钢的性能

钢牌号	厚度 /mm	屈服强度 /MPa	抗拉强度 /MPa	伸长率 /%	-10℃冲击功/J			
					1	2	3	平均
08MnNiVR	27	582	655	24	280	276	293	283

采用“新一代 TMCP+离线回火”进行 12MnNiVR（08MnNiVR）的工业试制和生产，各项分析结果表明，该钢具有良好的综合性能，能够满足储油罐制造的设计要求，同时与传统的离线淬火（正火）相比，吨钢节约成本约 323 元。12MnNiVR（08MnNiVR）钢板焊接性能试验研究结果表明，该钢的焊接性能良好，不仅符合低焊接裂纹敏感性要求，同时符合大线能量（50~100kJ/cm）焊接的工艺要求。

8.3 新一代 TMCP 工艺中 UFC -M（DQ）的应用

采用新一代 TMCP 工艺中 UFC-M（DQ）工艺，可以省去离线淬火工艺，节约能源，进一步降低生产成本。此外，新一代 TMCP 工艺中 UFC-M（DQ）工艺还可以提高生产钢的低温冲击韧性，使钢板具有更优的力学性能。

采用新一代 TMCP 工艺进行了 25mm、30mm 规格低成本低合金耐磨钢 NM360/NM400 的在线淬火生产，钢板的化学成分如表 8-18 所示。

表 8-18 试制耐磨钢成分（质量分数,%）

C	Si	Mn	P	S	Ni+Cr+Cu	Alt
0. 15	0. 28	1. 3	0. 013	0. 003	适量	0. 039

具体的轧制及水冷工艺参数为：

轧制工艺：一般热轧，终轧温度控制在 950℃以上。

冷却工艺：轧后直接进入超快冷，终冷温度控制在 250℃以下。

轧后板形情况如图 8-31 所示。从图上可以看出，工业生产 25mm 和 30mm 规格的低合金耐磨钢板形良好，无明显的翘曲和边浪情况。在线工业大生产低合金耐磨钢的力学性能如下：抗拉强度的平均值为 1150MPa，延伸率（A_{50}）平均值为 28.7%，-20℃ 冲击功平均值为 35J，表面布氏硬度（HBW）平均值为 380，心部布氏硬度（HBW）平均值为 350，完全满足国标 GB/T 24186—2009 工程机械用高强度耐磨钢板 NM360 性能要求，显微组织如图 8-32 所示。从图上可以看出，生产 NM360/NM400 钢板的表面和心部的组织差异较小，均是以板条马氏体为主的组织。在表面组织中，几乎 100%为马氏体组织，而在心部组织中，其马氏体含量达到了 95%以上，表现出良好的淬透性能。

a　　b

图 8-31 在线工业生产 NM360/NM400 的板形情况

a—30mm；b—25mm

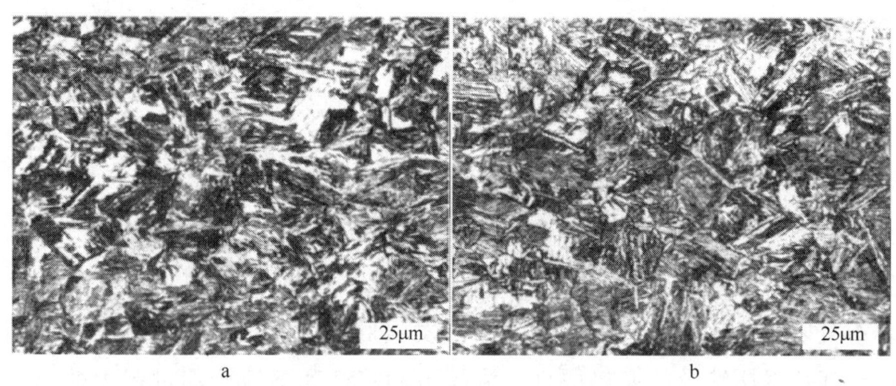

图 8-32 NM360 耐磨钢 UFC+ACC（DQ）工艺后的金相组织照片

a—表面；b—心部

9 结　论

本文以新一代 TMCP 工艺和技术开发项目为背景，对 TMCP 工艺核心超快速冷却技术所涉及的换热原理、流体流动特性和钢板冷却过程中的温度变化属性等基础理论进行了系统研究。在此基础上研究开发以射流冲击为基础的多功能先进冷却装备和以数学模型为基础的工艺控制系统。以新一代 TMCP 工艺理论为指导进行工业实践，一系列高品质节约型中厚板产品得到开发和生产。本文获得的主要结论如下：

（1）结合热轧板带材冷却工艺特点，针对高温壁面倾斜射流冲击沸腾换热理论进行研究，探索具有各向异性特征的单束倾斜射流流体（圆形、狭缝）冲击高温壁面时射流区域的流体力学特性、沸腾换热原理以及热/流耦合作用机理。在此基础上，研究获得多束倾斜复合流体在大流经面上的交互作用和流动规律以及沸腾换热原理。建立超快速冷却过程高精度换热模型和钢板温度场解析模型。

（2）开发出具有自主知识产权的中厚板在线超快速冷却成套装备：开发出一系列具有高冷却能力且可控性强的高性能射流喷嘴，通过优化喷嘴形式、喷射角度，开发出“软水封”技术，实现了超快速冷却分区域控制及流场合理分布。基于完善的自保护措施、稳定快速的供水方案及机液电联合设计，实现了超快速冷却成套装备核心技术的国产化。

（3）研制了全新的中厚板轧后先进冷却系统（ADCOS-PM），全面取代了传统层流冷却系统。ADCOS-PM 具有大范围调整冷却速率的特点，冷却能力全面覆盖从弱水冷至超快速冷却所有冷却强度，极大地满足了产品对不同冷却强度的生产工艺需求。同时，结合预矫直机装置，ADCOS-PM 系统极大改善了冷却过程中产品的冷却均匀性，使得冷后板形合格率和钢板表面质量得到大幅改善。

（4）ADCOS-PM 装备自动化系统实现了冷却速度、终冷温度以及冷却路径的高精度控制，实现 ACC、UFC 及 UFC+ACC 等多种冷却方式的自动控制，满足了中厚板产品品种结构复杂、生产节奏快、冷却工艺窗口狭窄的生产需求。

（5）充分利用常规加速冷却（ACC）功能、超快速冷却（UFC）功能、直接淬火（DQ）功能的多功能轧后先进冷却装置，综合应用细晶强化、析出强化以及相变强化等多种强化机制，使得低成本高强度低合金钢、高强度工程机械用钢、管线钢以及低温容器钢等一系列高品质节约型中厚板产品得到了开发和应用。

参考文献

[1] 李世俊．中国钢铁工业转变增长方式的途径及建议［J］．冶金管理，2005（1）：19~24.

[2] 张晓刚．充满生机与活力的中国钢铁工业［J］．冶金经济与管理，2008（1）：21~24.

[3] 张寿荣．钢铁工业与技术创新［J］．中国冶金，2005，15（5）：1~6.

[4] 小指军夫．控制轧制控制冷却-改善材质的轧制技术的发展［M］．北京：冶金工业出版社，2002：6~45.

[5] 王有铭，李曼云，韦光．钢材的控制轧制和控制冷却［M］．北京：冶金工业出版社，1995：1~4.

[6] 陶常印．控制轧制和控制冷却工艺的研究［J］．鞍钢技术，1997（9）：17~20.

[7] 汪祥能，丁修堃．现代带钢连轧机控制［M］．沈阳：东北大学出版社，1996：304~310.

[8] 张辉，吕鹤年．热轧带钢层流冷却装置的设计与研究［J］．一重技术，1996，67（1）：27~29.

[9] Inoue，Kigawa，Shibata，et al. New coiling temperature control technology for hot strip mill［J］. KOBELCO Technology Review，1992（15）：36~40.

[10] Andrzej G G，Robert G，Emmanuel R B. Automatic control of laminar flow cooling in continuous and reversing hot strip mills［J］. Iron and Steel Engineer，1990，67（9）：16~20.

[11] Fred C K，Wean U. Waterwall water-cooling systems［J］. Iron and Steel Engineer，1985，62（6）：30~36.

[12] 丁修堃．轧制过程自动化［M］．北京：冶金工业出版社，1986：380~385.

[13] 于世果，李宏图．国外厚板轧机及轧制技术的发展（一）［J］．轧钢，1999，（5）：43~46.

[14] 赵其德．带钢层流冷却装置［A］．一重技术（宝钢热连轧机专辑Ⅱ）［C］．1995，（3）：95~100.

[15] 王占学．控制轧制与控制冷却［M］．北京：冶金工业出版社，1988：154~179.

[16] 成琦玲，周敏文．钢板轧制后直接淬火工艺研究［J］．鞍钢技术，1997（12）：29~34.

[17] 陆松年．快速冷却和直接淬火技术［J］．宽厚板，1996，2（5）：1~8.

[18] 彭良贵，刘相华，王国栋．超快冷却技术的发展［J］．轧钢，2004，21（1）：1~3.

[19] 王国栋．以超快速冷却为核心的新一代 TMCP 技术［J］．上海金属，2008，30（2）：1~5.

[20] 王国栋．新一代 TMCP 的实践和工业应用举例［J］．上海金属，2008，30（3）：1~4.

[21] Kagechika H. Recent progress and future trends in the research and development of steel［J］. NKK TECHNICAL REVIEW，2003，22：6~9.

[22] 袁伟刚．日本 JFE 公司高性能中厚板生产技术介绍 [J]．冶金管理，2006，10：49~51.

[23] 王国栋，刘相华．日本热轧带钢技术的发展和现状——随中国金属学会代表团访问日本观感之一 [J]．轧钢，2007，24 (1)：1~6.

[24] 王国栋，刘相华．日本热轧带钢技术的发展和现状——随中国金属学会代表团访问日本观感之二 [J]．轧钢，2007，24 (2)：1~5.

[25] 余海．热轧带钢轧后冷却技术的发展和应用 [J]．轧钢，2006，23 (3)：38~41.

[26] Champion N. 西门子奥钢联的中厚板轧机技术与能力 [J]．钢铁，2006，41 (4)：88~90.

[27] Paisley P. MULPIC technology improves steel plate quality for linepipe applications [J].metals & mining，2007，1：38~39.

[28] 王国栋．TMCP 技术的新进展——柔性化在线热处理技术与装备 [J]．轧钢，2010，27 (2)：1~6.

[29] 王国栋. 新一代控制轧制和控制冷却技术与创新的热轧过程 [J]．东北大学学报（自然科学版），2009，30 (7)：913~922.

[30] Guo R M. Heat transfer of laminar flow cooling during strip acceleration on hot strip mill runout tables [J]. Iron & Steelmaker，1993，20 (8)：49~59.

[31] Filipovic，Viskanta，Incropera，et al. Cooling of a moving steel strip by an array of round jets [J]. 1994，65 (12)：541~547.

[32] Fomichev V M. Influence of heat transfer on the stability of a laminar boundary layer and the laminar-turbulent transition [J]. Heat Transfer Research，1996，27 (1)：97~101.

[33] Vallejo，Trevino. Convective cooling of a thin flat plate in laminar and turbulent flows [J].International Journal of Heat and Mass Transfer，1990，33 (3)：543~554.

[34] Quintana D L，Amitay M，Ortega A，et al. Heat transfer in the forced laminar wall jet [J]. Journal of Heat Transfer，1997，119 (3)：451~459.

[35] Hall D E，Incropera F P，et al. Jet impingement boiling From a circular free-surface jet during quenching：Part1—single-phase Jet [J]. Journal of Heat Transfer，2001，123 (5)：901.

[36] Steiner H，Kobor A，Gebhard L. A wall heat transfer model for subcooled boiling flow [C]. Proc. ASME-ZSIS Int. Therm. Sci. Seminar，Bled，Slovenia，2004，June 13 ~ 16：643 ~ 650.

[37] Zeng L Z，Klausner J F，Bernhard D M，Mei R. A unified model for the prediction of bubble detachment diameters in boiling systems-ii . flow boiling [J] . Int. J. Heat Mass Transfer，1993，36 (9)：2271~2279.

[38] Kandlikar S G，Mizo V R，Cartwright M D，Ikenze E. Bubble nucleation and growth character-

istics in subcooled flow boiling of water [C]. Proc. 32nd Nat. Heat Transfer Conf., Baltimore, Maryland, 1997, August 8~12: 11~18.

[39] Seiler N, Seiler J M, Simonin O. Transition boiling at jet impingement [J]. Int. J. Heat Mass Transfer, 2004, 47 (23): 5059~5072.

[40] Islam M A, Monde M, Woodfield P L, Mitsutake Y. Jet impingement quenching phenomena for hot surfaces well above the limiting temperature for solid-liquid contact [J]. Int. J. Heat Mass Transfer, 2008, 51 (5~6): 1226~1237.

[41] Liu X, Lienhard V J H, Lombara J S. Convective heat transfer by impingement of circular liquid jets [J]. ASME J. Heat Transfer, 1991, 113 (3): 571~582.

[42] Devadas C, Samarasekera V, Hawbolt E B. The thermal and metallurgical state of steel strip during hot rolling: Part I. Characterization of heat transfer [J]. Metallurgical Transactions A, February 1991, 2 (22): 307~319.

[43] Holman J P. Heat transfer [M]. 1968.

[44] 杨世铭，陶文铨. 传热学 [M]. 北京：高等教育出版社，1998：25~28.

[45] 崔忠圻. 金属学与热处理 [M]. 北京：机械工业出版社，1994：248~279.

[46] 徐祖耀. 马氏体相变与马氏体 [M]. 北京：科学出版社，1999：492~499.

[47] 方鸿生，王家军，杨志刚，等. 贝氏体相变 [M]. 北京：科学出版社，1999：363.

[48] Tamura I. Some fundamental Steps in Thermomechanical Processing of steels [J]. Transactions of the Iron and Steel Institute of Japan, 1987, 27 (10): 763~779.

[49] Suehiro M, Kazuaki, Tsukano Y, et al. Computer modeling of microstructural change and strength of low carbon steel in hot strip rolling [J]. Transactions of the Iron and Steel Institute of Japan, 1987, 27 (6): 439 ~445.

[50] Umenoto M, Nishioka N. Prediction of hardenability from isothermal transformation diagrams [J]. Transactions of the Iron and Steel Institute of Japan, 1982, 22 (8): 629~636.

[51] Umemoto M, Horiuchi K, Tamura I. Transformation to pearlite from worked—hardened austenite [J]. Transactions of the Iron and Steel Institute of Japan, 1983, 23 (9): 775~784.

[52] Koistien D F, Marburger R E. General equation prescribing the extent of the austensit transformation in pure iron-carbon alloys and plain carbon steels [J]. Acta Metall, 1959, 7: 50~60.

[53] 谭真，郭广文. 工程合金热物性 [M]. 北京：冶金工业出版社，1994：1~4.

[54] 孔祥谦. 有限单元法在传热学中的应用 [M]. 北京：科学出版社，1998：8~40.

[55] 翁荣周. 传热学的有限元方法 [M]. 广州：暨南大学出版社，2000：55~86.

[56] 胡贤磊，李建民，王昭东，等. 中厚板轧制过程温度计算的二次曲线建模法 [J]. 轧钢，2002，19 (6)：12~14.

[57] Rodi W. Experience with two-layer models combining the model with a one-equation model near the wall [J]. AIAA paper, 1991: 1991.

[58] Launder B E, Spalding D. The numerical computation of turbulent flows [J]. Comp. Methods Appl. Mech. Eng, 1974 (3): 269~289.

[59] 张福波，王贵桥，王昭东，袁国，韩毅，吴迪，张殿华. 一种实现辊式淬火机液压多缸高精度同步控制系统 [P]. 辽宁: CN101338357, 2009-01-07.

[60] Yakhot V, Orszag S A, Thangam S. Development of turbulence models for shear flows by a double expansion technique [J]. Physics of Fluids A, 1992, 4 (7): 1510~1520.

[61] 孙涛，周娜，王丙兴，等. 中厚板控制冷却系统的水流量控制技术 [J]. 东北大学学报(自然科学版)，2008，29 (6): 842~844.

[62] 于明，王君，李勇，等. 中厚板控制冷却系统流量调节特性分析 [J]. 钢铁，2008，43 (4): 46~50.

[63] 王献孚，熊鳌魁. 高等流体力学 [M]. 武汉: 华中科技大学出版社，2003: 90~93.

[64] 田村今男. 高强度低合金钢的控制轧制与控制冷却 [M]. 王国栋，刘振宇，熊尚武，译. 北京: 冶金工业出版社，1992.

[65] 唐荻. 新形势下对轧钢技术发展方向和钢材深加工的探讨 [J]. 中国冶金，2004 (8): 14~21.

[66] 王国栋，刘相华，朱伏先，等. 新一代钢铁材料的研究开发现状和发展形势 [J]. 鞍钢技术，2005 (4): 1~7.

[67] Cox S D, Hardy S J, Parker D J. Influence of runout table operation setup on hot strip quality, subject to initial strip condition: heat transfer issues [J]. Ironmaking and Steelmaking, 2001, 28 (5): 363~372.

[68] Bhattacharya P, Samanta A N, Chakraborty S. Spray evaporative cooling to achieve ultra fast cooling in runout table [J]. International Journal of Thermal Sciences, 2009, 48 (9): 1741~1747.

[69] Buzzichelli G, Anelli E. Present status and perspectives of European research in the field of advanced structural steels [J]. ISIJ International, 2002, 42 (12): 1354~1363.

[70] 刘相华，余广夫，焦景民，等. 超快速冷却装置及其在新品种开发中的应用 [J]. 钢铁，2004，39 (8): 71~74.

[71] 田勇，王丙兴，袁国，等. 基于超快冷技术的新一代中厚板轧后冷却工艺 [J]. 中国冶金，2013，23 (4): 17~20, 34.

[72] 王国栋. 新一代 TMCP 技术的发展 [J]. 轧钢，2012，29 (1): 1~8.

[73] 王国栋，吴迪，刘振宇，等. 中国轧钢技术的发展现状和展望 [J]. 中国冶金，2009,

19 (12): 1~14.

[74] 刘相华，王国栋，杜林秀，等．普碳钢产品升级换代的现状与发展前景 [A]. 中国金属学会轧钢学会，中国金属学会第 7 届年会论文集 [C]. 北京: 冶金工业出版社，2002: 415~420.

[75] 雍岐龙．钢铁材料中的第二相 [M]. 北京: 冶金工业出版社，2006.

[76] Wang Bin, Liu Zhenyu, Zhou Xiaoguang, Wang Guodong, Misra R D K. Precipitation behavior of nanoscale cementite in 0. 17% carbon steel during ultra fast cooling (UFC) and thermomechanical treatment (TMT) [J]. Materials Science and Engineering A, 2013, 588: 167~174.

[77] Wang Bin, Liu Zhenyu, Zhou Xiaoguang, Wang Guodong, Misra R D K. Precipitation behavior of nano-scale cementites in hypoeutectoied steels during ultra fast cooling and their strengthening effects [J] . Materials Science and Engineering A, 2013, 575: 189~198.

[78] 陈钰珊．管线钢合金成分冶金设计的探讨 [J]. 钢铁钒钛，1991，12 (1): 62~71.

[79] 李红英，林武，等. 低碳微合金管线钢过冷奥氏体连续冷却转变 [J]. 中南大学学报 (自然科学版)，2010，41 (3): 923~929.

[80] 李灿明，王建景，等. 国内工程机械用钢发展现状和市场预测 [J]. 山东冶金，2008，3 (5): 9~11.

[81] Mishra S K, Ranganathan S, Das S K, et al. Investigation on precipitation characteristics in a high strength low alloy (HSLA) steel [J] . Scripta Materialia, 1998, 39 (2): 253~259.

[82] Cizek P, Wynne B P, Davies C H J, et al. Effect of Composition and Austenite.

[83] Deformation on the transformation characteristics of low-carbon and ultralow-carbon microalloyed steels [J]. Metallurgical and Materials Transactions A, 2002, 33: 1331~1349.

[84] 杨建勋，刘菲，等. 控冷工艺对 Q690D 高强工程机械用钢冲击韧性的影响 [J]. 莱钢科技，2011 (5): 49~52.

[85] Khlestov V M, Konopleva E V, McQueen H J. Kinetics of austenite transformation during thermomechanical processes [J] . Canadian Metallurgical Quarterly, 1998, 37 (2): 75~89.

[86] Cuddy L J. Microstructures developed during thermo mechanical treatment of HSLA steels [J]. Metall. Traps. A, 1981, 12A: 1313~1320.